SITZUNGSBERICHTE DER DEUTSCHEN AKADEMIE
DER WISSENSCHAFTEN ZU BERLIN

Klasse für Chemie, Geologie und Biologie
Jahrgang 1962 Nr. 7

DIETER MARTIN

SYNTHETISCHE SENFÖLBILDNER MIT BAKTERIZIDER, FUNGIZIDER, NUTRITIVER UND DAS WACHSTUM VON VIREN HEMMENDER WIRKUNG

Mit 10 Abbildungen und 15 Tabellen

Aus dem Institut für organische Chemie
der Deutschen Akademie der Wissenschaften zu Berlin
(Direktor: Prof. Dr. Alfred Rieche)

AKADEMIE-VERLAG · BERLIN

1962

Erweiterte Fassung zweier Vorträge: 11. 9. 1958
Klasse für Chemie, Geologie und Biologie
der Deutschen Akademie der Wissenschaften zu Berlin
(A. Rieche) und 15. 10. 1959 Symposium für Arzneimittelsynthesen,
Weimar [A. Rieche; vgl. Angew. Chem. **72**, 83 (1960)].

Vorgelegt von Hrn. RIECHE in der Plenarsitzung am 18. Mai 1961
Zum Druck genehmigt am gleichen Tage, ausgegeben am 2. 4. 1962

Erschienen im Akademie-Verlag GmbH, Berlin W 8, Leipziger Straße 3—4

Lizenznummer: 202 · 100/429/62
Gesamtherstellung: Druckhaus „Maxim Gorki", Altenburg
Bestellnummer: 2010/62/II/7 · ES 18 C 5/18 G 1/22 F/17 U 2
Preis: DM 5,—

Inhalt

I. Einleitung 5

II. Herstellung und Eigenschaften synthetischer, Senföle abspaltender Verbindungen 8

1. Dithiocarbamidsaure Salze 8
2. 2-Thion-tetrahydro-1,3,5-thiadiazine 9
3. Thiourethane (Thiocarbamidsäure-O-ester) 12

III. Wirkung gegen Mikroorganismen 16

IV. Klinische Untersuchungen 27

V. Hemmung der Virussynthese 31

1. Versuche zur Klärung des Wirkungsmechanismus 36
2. Versuche über die Beeinflussung der Zellatmung 39
3. Versuche zur Prophylaxe und Heilung von Tierseuchen 40
4. Prüfung auf cytostatische Wirkung 45

VI. Nutritive Wirkung 46

VII. Zusammenfassung 53

Literatur 54

I. Einleitung

Der Genuß von Senf, Meerrettich, Knoblauch, Zwiebel und Kresse gilt seit uralten Zeiten als heilsam und gesundheitsfördernd. In der Medizin fanden Senf, Meerrettich und Kapuzinerkresse äußerlich bei Wundinfektionen und innerlich bei Infektionen der Harnwege und Atmungsorgane Verwendung. Es ist daher überraschend, daß erst innerhalb der letzten zehn Jahre die Inhaltsstoffe dieser Pflanzen, besonders der einzelnen Kressenarten, systematisch auf ihre therapeutischen Eigenschaften und Verwendungsmöglichkeiten untersucht worden sind.

Mit der chemischen Natur der Inhaltsstoffe dieser pharmakologisch wirksamen Pflanzen haben sich als erste WILL und KÖRNER [1] sowie A. W. HOFMANN [2, 3] auseinandergesetzt. Einige Jahre danach gelang es GADAMER [4], aus Kapuzinerkresse Benzylsenföl und aus Brunnen- und Winterkresse β-Phenyläthylsenföl zu isolieren. Er nahm an, daß die Senföle in den Pflanzen als Glucoside vorliegen, und konnte zeigen, daß die Pflanzen auch ein Ferment (Myrosinase) enthalten, das die Glucoside zu spalten vermag. O. E. SCHULTZ und Mitarbeiter [5—7] konnten 1952 die Senfölglucoside der Kapuziner- und Gartenkresse unter Verwendung chromatographischer Methoden isolieren und das Glucotropaeolin als Tetraacetat kristallin erhalten. ETTLINGER und LUNDEEN [8] stellten schließlich die für die Senfölglucoside heute allgemein anerkannte Strukturformel auf, die auch durch Totalsynthese [9] bewiesen werden konnte und im Gegensatz zur alten GADAMERschen Formel alle Spaltprodukte der Glucoside in befriedigendem Maße erklärt.

Danach können die Senfölglucoside als substituierte Thioiminosäureester aufgefaßt werden. Die Bildung der Senföle aus den Glucosiden wird als eine durch Myrosinase enzymatisch ausgelöste, intramolekulare, nucleophile Umlagerung in Analogie zur LOSSEN-Umlagerung der Hydroxamsäuren aufgefaßt [8, 10]. Die enzymatische Spaltung in Senföl, Glucose und Hydrogensulfat tritt ein, wenn Glucosid und Ferment, die in getrennten Zellen der Pflanze enthalten sind [11, 12], durch Zerreißen des Zellgewebes miteinander in Berührung gebracht werden.

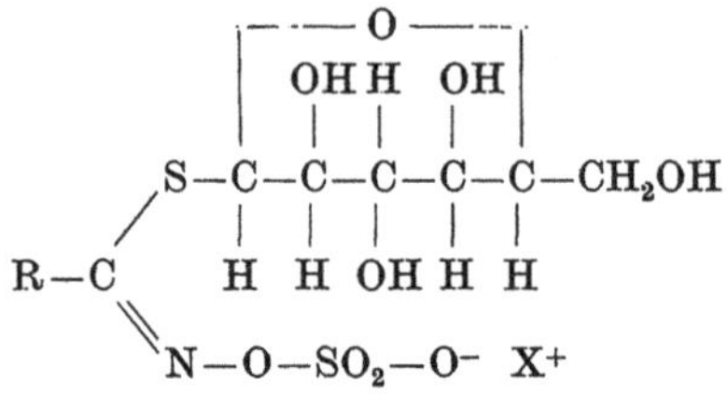

(I)

Pflanze	Glucosid	R=	X=
(Ia) Kapuzinerkresse	Glucotropaeolin	$C_6H_5CH_2$	$(CH_3)_4N^+$
(Ib) Brunnenkresse	Gluconasturtiin	$C_6H_5CH_2CH_2$	K^+

In den letzten Jahren ist nun das Kressensamenöl und besonders ein auf dieser Basis im Handel befindliches, benzylsenfölhaltiges Präparat der Fa. Madaus, Köln, („Tromalyt“) durch WINTER und Mitarbeiter [13] und andere Autoren [14—16] auf seine bakteriostatischen und fungiciden Eigenschaften untersucht worden. Es erwies sich dabei sehr wirksam gegen Mikroorganismen aller Art und erfaßt beinahe alle grampositiven und gramnegativen Erreger. Auch das Viruswachstum wird gehemmt, wie SPRÖSSIG und SCHABINSKI-STEPAN [17] im in vitro-Test zeigen konnten. Das Präparat ist vielfach klinisch geprüft [18—20] und erfolgreich bei Entzündungen der Ausscheidungsorgane und zur Bekämpfung grippaler Infekte [21] angewendet worden. Neuerdings haben WINTER und RINGS-WILLEKE [22] im Eihauttest gezeigt, daß auch Senföle selbst das Viruswachstum hemmen, ohne die Zellatmung erheblich zu hindern. Darüber hinaus haben senfölglucosidhaltige Pflanzen einen günstigen Effekt auf die Mastleistung und Futterausnutzung in der Tierernährung, wie er von den Antibiotica mikrobieller Entstehung bekannt ist. Gleichzeitig tragen sie erheblich zur Gesunderhaltung der Tiere bei (z. B. bei Pullorum-Infektion des Kükens [23]). Es unterliegt jedenfalls keinem Zweifel, daß die senfölbildenden Pflanzenstoffe in der Prophylaxe und Therapie der Human- und Veterinärmedizin von großer Bedeutung sind.

Eine therapeutische Anwendung wäre sicher auf viel breiterer Basis erfolgt, wenn man nicht nur auf Pflanzenextrakte und -konzentrate angewiesen wäre. Die direkte pharmazeutische Verwendung synthetisch hergestellter Senföle scheidet wegen ihrer ätzenden Wirkungen aus.

II. Herstellung und Eigenschaften synthetischer, Senföle abspaltender Verbindungen

Wir haben uns nun die Aufgabe gestellt, synthetische, untoxische Stoffe aufzufinden, die den Senfölen nahestehen und von denen zu erwarten ist, daß sie bei ihrem Zerfall — auch im Organismus — Senföle bilden. Man könnte so Verbindungen erhalten, die ähnliche Wirkungen wie die genannten Naturstoffe haben, aber eine wesentlich universellere Anwendung erlauben würden.

Bei der Suche nach geeigneten Verbindungen erschienen uns drei Verbindungsklassen als besonders interessant.

1. Dithiocarbamidsaure Salze (II)
2. 2-Thion-tetrahydro-1,3,5-thiadiazine („Carbothialdine") (III)
3. Thiourethane (Thiocarbamidsäure-O-ester) (IV)

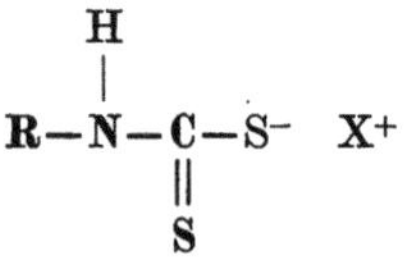

(II) „d-Körper"

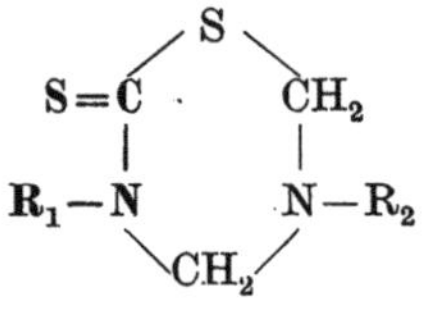

(III) „D-Körper"

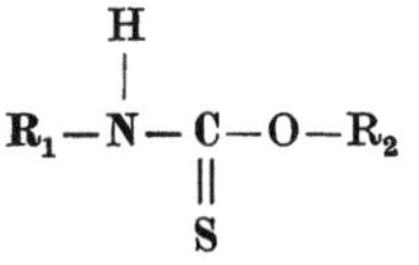

(IV) „P-Körper"

Untersuchungen über Dithiourethane sind z. Z. noch im Gange.

1. *Dithiocarbamidsaure Salze*

Dithiocarbamidsaure Salze (II) werden seit langem als Fungicide und Nematicide im Pflanzenschutz verwendet [24]. Bisher nicht bekannt und untersucht waren die besonders interessanten

Benzylamin- und β-Phenyläthylamin-Derivate. A. RIECHE und Mitarbeiter [25] haben diese Verbindungen durch Umsetzung der entsprechenden Amine mit der halbmolaren Menge Schwefelkohlenstoff in ätherischer Lösung erhalten (II: $R = C_6H_5CH_2$, $X = C_6H_5CH_2NH_3^+$; $R = C_6H_5CH_2CH_2$, $X = C_6H_5CH_2CH_2$-NH_3^+). Die Alkalisalze (II: $R = C_6H_5CH_2$, $C_6H_5CH_2CH_2$; $X = Na^+, K^+$) lassen sich aus den Aralkylammoniumsalzen mit Alkalilaugen oder direkt aus molekularen Mengen Amin, Schwefelkohlenstoff und Alkalilauge in konzentriert wäßriger Lösung erhalten [26].

Durch Umsetzung von Kalium-benzyl- und -β-phenyläthyldithiocarbamat mit Marfanilhydrochlorid wurden die Marfanilsalze der entsprechenden Dithiocarbamate (II: $R = C_6H_5CH_2$, $C_6H_5CH_2CH_2$; $X = NH_2SO_2C_6H_4CH_2NH_3^+$) als Kombinationen mit einem Sulfonamid dargestellt.

Alle Salze der Benzyl- und β-Phenyläthyldithiocarbamidsäure wurden als hochwirksame Fungicide erkannt.

2. *2-Thion-tetrahydro-1,3,5-thiadiazine*

Die „Carbothialdine" (III) sind erst in den letzten Jahren Gegenstand genauerer Untersuchungen geworden, obwohl einige Verbindungen schon seit über 100 Jahren bekannt sind.

Der Name „Carbothialdine" stammt von REDTENBACHER und LIEBIG [27] aus dem Jahre 1848, die fälschlicherweise annahmen, aus Acetaldehyd, Ammoniak und Schwefelkohlenstoff ein Thialdin, also ein 1,3,5-Dithiazin erhalten zu haben. Erst 1944 konnte durch spektroskopische Untersuchungen geklärt werden, daß bei dieser Reaktion 1,3,5-Thiadiazine [28] entstehen. Die einfachsten und zuerst aufgefundenen Vertreter dieser Verbindungsklasse sind thermisch instabil und zersetzen sich bereits in heißem Wasser oder Alkohol. Das hat wohl mit dazu beigetragen, daß so lange Unsicherheit über die Konstitution der „Carbothialdine" bestand.

Von RIECHE und Mitarbeitern [25] ist eine große Zahl bekannter und neuer 3,5-disubstituierter 2-Thion-tetrahydro-1,3,5-thiadiazine (III) hergestellt und auf ihre Wirkung gegen verschiedene Mikroorganismen geprüft worden. Zur Darstellung von Verbindungen mit gleichem Substituenten R an den Ringstickstoffatomen läßt man ein primäres Amin, Schwefelkohlenstoff und Formaldehyd in Gegenwart eines geeigneten Lösungsmittels aufeinander einwirken. Es gelingt auch, andere Aldehyde in die Reaktion einzusetzen. Die Umsetzungen verlaufen über das Aminsalz der Dithiocarbamidsäure.

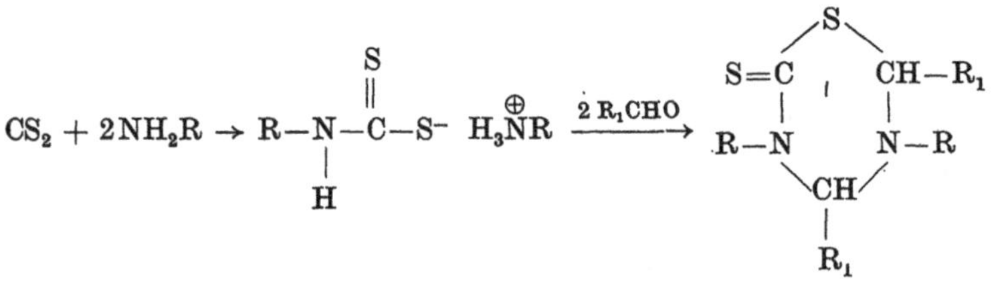

(V)

Es wurden weiterhin 2-Thion-tetrahydro-1,3,5-thiadiazine mit zwei verschiedenen Resten R an den beiden Stickstoffatomen des Heterocyclus hergestellt. Diese Verbindungen lassen sich gewinnen, wenn man das zunächst hergestellte dithiocarbamidsaure Alkalisalz mit zwei Molen Aldehyd und einem weiteren Mol Aminhydrochlorid cyclisiert [28].

$$CS_2 + 2NH_2R_1 \xrightarrow{NaOH} R_1NH-\overset{\overset{\displaystyle S}{\|}}{C}-SNa + 2CH_2O + R_2NH_2 \cdot HCl \rightarrow$$

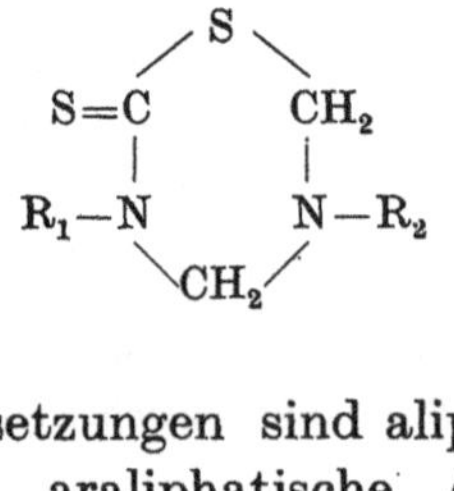

(III)

Für diese Umsetzungen sind aliphatische, cycloaliphatische, aromatische und araliphatische Amine geeignet. Die Verwendung von Aminoalkoholen, Aminosulfonsäuren [29] und Aminocarbonsäuren [30] führt zu 2-Thion-tetrahydro-1,3,5-thiadiazinen mit verbesserter Wasserlöslichkeit. Bei der Umsetzung von Dinatriumäthylen-bis-dithiocarbamat [31] mit zwei Molen Amin und vier Molen Formaldehyd werden Bis-[2-thion-tetrahydro-1,3,5-thiadiazinyl-3]-äthane (VI) erhalten. Die analogen Verbindungen, bei denen die Verknüpfung der beiden Heterocyclen über die Stickstoffatome 5 erfolgt (VII), entstehen aus zwei Molen Alkalidithiocarbamat, einem Mol Äthylendiamin-dihydrochlorid und vier Molen Formaldehyd [30].

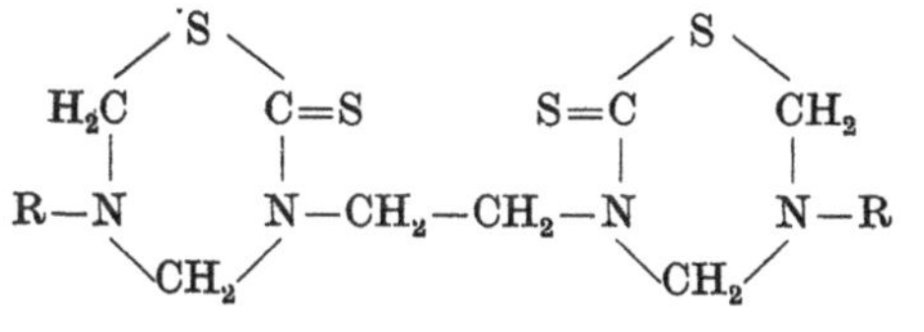

(VI)

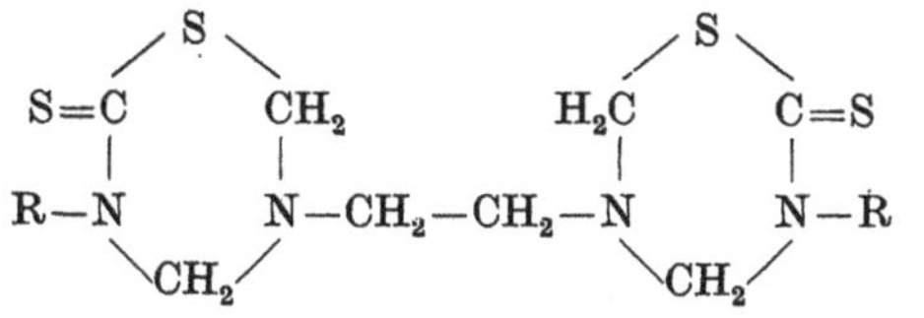

(VII)

Der Tetrahydrothiadiazin-heterocyclus wird auch gebildet, wenn das aus Kohlenoxysulfid und einem Amin in ätherischer Lösung gebildete thiolcarbamidsaure Salz in ätherischer Suspension mit Formaldehyd begast wird. Dabei entstehen 2-Oxo-tetrahydro-1,3,5-thiadiazine (VIII), die ebenfalls gegen Mikroorganismen ausgetestet wurden [26].

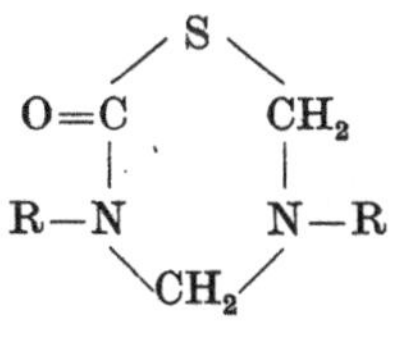

(VIII)

Der papierchromatographische Nachweis [32] (Papier Schleicher & Schüll 2043 b M) der 2-Thion-tetrahydro-1,3,5-thiadiazine mit einer Empfindlichkeitsgrenze von 5 γ gelingt mit einer ammoniakalischen Silbernitratlösung als Sprühmittel. Dabei werden die Verbindungen unter Bildung von Silbersulfid zersetzt und als schwarze Flecken sichtbar. Die R_f-Werte weisen einen für die Identifizierung hinreichenden Unterschied auf, wenn die Verbindungen eine einigermaßen unterschiedliche Wasserlöslichkeit zeigen. Als Laufmittel dient eine Mischung aus 3 Tl. n-Propanol und 1 Tl. 2n-Schwefelsäure.

3. Thiourethane (Thiocarbamidsäure-O-ester)

Von den Thiourethanen (IV) ist bekannt, daß sie durch Zerfall Senföle bilden können [33]. A. RIECHE und Mitarbeiter [32, 34] haben eine große Zahl dieser Verbindungen hergestellt und auf ihre Wirkung gegen Mikroorganismen geprüft. Dabei stellte sich schnell heraus, daß praktisch nur die Verbindungen wirksam waren, in denen R_1 vorzugsweise Aralkylgruppen und R_2 Phenyl oder substituierte Phenylreste waren.

Für die Herstellung dieser Thiourethane erwies sich jedoch nur einer der möglichen Synthesewege als universell anwendbar.

Die Umsetzung von Xanthogensäureestern mit Ammoniak oder Aminen schied aus, weil sie mit Vorteil nur dann angewendet wird, wenn R_1 = Alkyl ist.

$$R_1O-CS-SR_2 + NH_2R \rightarrow R_1O-CS-NHR + R_2SH$$

Auch die Methode der Anlagerung von Phenolen an Senföle war nicht geeignet, da sie im Gegensatz zur Anlagerung von Alkoholen an Senföle mit sehr geringen Ausbeuten verläuft [35].

$$R-N=C=S + HOR_1 \rightarrow R-NH-CS-OR_1$$

Die Möglichkeit, Phenolate mit Thiocarbamidsäurechloriden umzusetzen, hatte für uns nur bedingten Wert, weil die Synthese nur mit sekundären Aminen in guten Ausbeuten verläuft.

$$(R)_2NH + CSCl_2 \rightarrow (R)_2N-CS-Cl$$

$$(R)_2N-CS-Cl + NaOR_1 \rightarrow (R)_2N-CS-OR_1 + NaCl$$

In sehr guten Ausbeuten konnten wir die Thiourethane durch Umsetzung der aus Phenolen und Thiophosgen [36] erhaltenen Thiokohlensäure-O-arylesterchloride mit Aminen nach der Methode von RIVIER [33] und MULL [37] erhalten.

$$R_2OH + CSCl_2 \xrightarrow{NaOH} R_2O{-}CS{-}Cl$$

$$R_2O{-}CS{-}Cl + H_2NR_1 \longrightarrow R_2O{-}CS{-}NHR_1 + HCl \qquad (IV)$$

Durch geeignete Wahl des Lösungsmittels und der salzsäurebindenden Agentien konnten nach dieser Methode sowohl primäre als auch sekundäre Amine zur Umsetzung gebracht werden.

Als ein Nachteil für die Applikation und Wirkung pharmazeutischer Mittel erweist sich oft die zu geringe Wasserlöslichkeit der Präparate. Da die Zellen der Mikroben sowohl wäßrige als auch lipoide Phasen enthalten, ist die Anwesenheit beider Löslichkeitskomponenten in einem bactericid wirkenden Mittel von Nutzen. Man kann annehmen, daß der keimwidrige Stoff im wäßrigen Medium bis zur Grenzfläche gelangt, sich dort gemäß deren chemischem Aufbau konzentriert und von da aus seinen weiteren Weg in das Innere der Zelle nimmt [38].

Es war daher — wie später noch erörtert werden wird — notwendig, besonders im Hinblick auf die Beeinflussung der Virussynthese, Thiourethane (IV) zu synthetisieren, in denen für R_1 die wirksamsten Substituenten beibehalten werden, aber R_2 einen Phenylrest mit einem die Wasserlöslichkeit erhöhenden Substituenten darstellt. Auf Grund des in diesem Falle einzig möglichen Syntheseweges und der Empfindlichkeit der Thiourethane gegen Säuren (Verseifung), Alkalien (Senfölabspaltung), Oxydationen und Kondensationen (Reaktionen von (IV) in der Thiolimino-Form) schieden einfache klassische Reaktionen von vornherein aus [32].

Es gelang jedoch kürzlich [32], das von WAGNER und KÜHMSTEDT [39] dargestellte 4-Thiol-1-hydroxybenzol-S-tetraacetylβ-D-glucosid (IX) durch Umsetzung mit Thiophosgen und einem Amin in das entsprechende tetraacetylierte Thiourethan (X) zu überführen. Dieses ergab bei der Entacetylierung mit methanolischer Salzsäure das in Wasser und organischen Lösungsmitteln lösliche Thiourethan (XI).

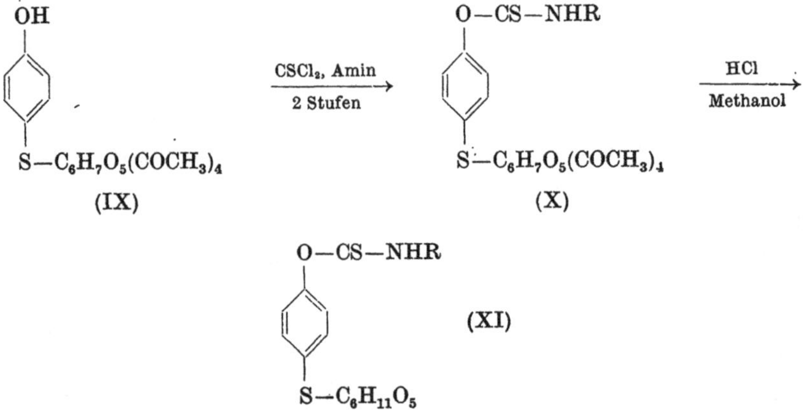

Bei der Umsetzung von p-Aminophenol mit drei Molen Thiophosgen wurde in einem Schritt das Thiokohlensäure-O-[4-isothiocyano]-phenylesterchlorid (XII) erhalten, das sich mit

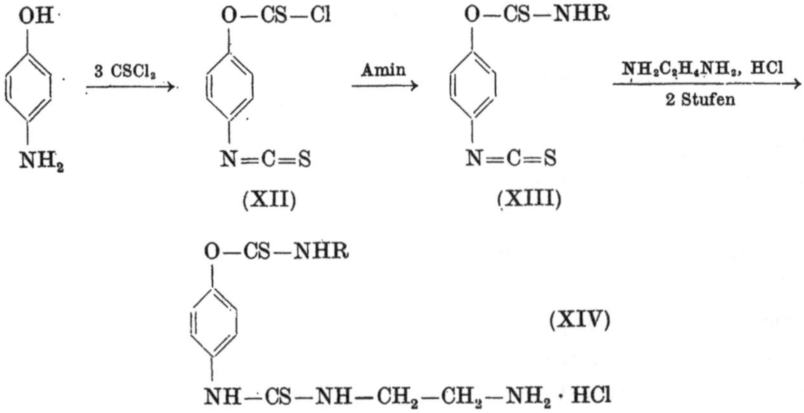

einem geringen Unterschuß an Amin, ohne eine Addition an die Isothiocyanogruppe, zum Thiourethan (XIII) umsetzen läßt [32]. Durch Addition von Äthylendiamin an (XIII) und anschließende Salzbildung gelangten wir ebenfalls zu einer wasserlöslichen Verbindung (XIV).

Diese Verbindungen werden z. Z. auf ihre mikrobiologischen und das Wachstum von Viren beeinflussenden Wirkungen geprüft.

III. Wirkung gegen Mikroorganismen (in vitro Testungen)[1])

Die Dithiocarbamidsäure-Derivate (II) sind bereits sehr eingehend untersucht [31, 40]. Viele sind als Bactericide und Fungicide im Handel. Auch über 2-Thion-tetrahydro-1,3,5-thiadiazine (III) liegen Untersuchungen vor [41], jedoch sind praktische Verwendungen nur in untergeordnetem Maße bekannt. Einzelne Thiourethane wurden in verschiedenen Richtungen geprüft [37, 41—45], doch wurden keine auffälligen Ergebnisse erzielt.

Die von uns nach den angegebenen Verfahren synthetisierten Vertreter der Verbindungsklassen (II, III, IV, VI, VII und VIII) wurden im Plattenverdünnungstest gegenüber 7 verschiedenen Bakterien, 4 Hefen und 2 pathogenen Hautpilzen (Tab. 1) geprüft.

Aus einer 10%igen Glykollösung der Substanzen wurde mit steriler Kochsalzlösung eine Verdünnungsreihe hergestellt und diese mit Nähragar in der Petrischale vermischt. Dann wurde mit einer 24 Std. bebrüteten Bakterienaufschwemmung beimpft und nach 24 Std. Stehen im Brutschrank festgestellt, welche Verdünnung der Substanz ein Wachstum gerade noch zuließ. Hefen wurden 48 Std., Pilze 3—4 Wochen inkubiert.

Die in den folgenden Tabellen angeführten Hemmwerte geben diejenige Verdünnung an, bei der erstmalig Wachstum auftritt. Während die Hemmwerte für die 4 Hefen und die 2 Hautpilze untereinander jeweils fast immer gleichgroß waren, schwankten die Hemmwerte für die 7 Bakterien im Bereich einer Zehnerpotenz oder mehr. Die in den Tabellen 2—11 verzeichneten kleineren Hemmwerte in der Spalte „Bakterien" beziehen sich auf die Wirkung gegenüber Bact. coli, die höhere Zahl bezieht sich auf SG 511 und Bacillus subtilis. Die anderen

---

[1]) Die mikrobiologischen Untersuchungen wurden im Hygiene-Institut der Friedrich-Schiller-Universität, Jena, (Direktor Professor Dr. H. Urbach) von Frau Voß durchgeführt. Wir möchten auch an dieser Stelle Herrn Professor Urbach für seine Unterstützungen und sein Interesse und Frau Voß für ihre Mitarbeit an dieser Arbeit danken.

4 Bakterien zeigen Mittelwerte, die zwischen beiden Konzentrationsangaben liegen.

Tabelle 1

Für die Testungen verwendete Mikroorganismen

Bakterien	Staphylococcus aureus SG 511
	Bacillus mesentericus
	Bacillus subtilis
	Escherichia coli
	Bacterium pyocyaneum
	Bacterium pneumoniae (*Friedländer*)
	Bacterium lactis aërogenes
Hefen	Endomyces lactis
	Rhodutorula
	Candida pseudotropicalis
	Candida albicans
Pilze	Epidermophyton interdigitale (*Kaufmann, Wolf*)
	Mikrosporum gypseum

Aus der Zusammenstellung der von uns synthetisierten Tetrahydrothiadiazine und dithiocarbamidsauren Salze ist zu ersehen, daß die Wirkung gegen Mikroorganismen sehr stark von der Konstitution abhängig ist. Es fällt zunächst auf, daß die drei in Tabelle 2 aufgeführten 2-Oxo-tetrahydro-1,3,5-thiadiazine kaum wirksam sind, was darauf hinweist, daß die starke antimikrobielle Wirkung an die Gruppierung S=C—N— gebunden ist, die auch im Senföl vorliegt.

Tabelle 2

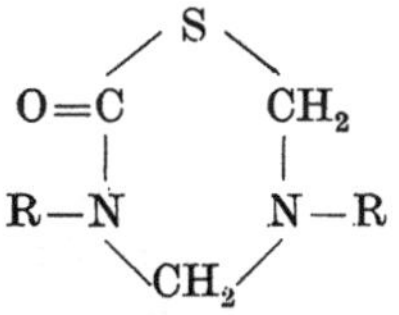

Substanz-Nr.	R	Bakterien	Hefen	Pilze
O 47	$C_6H_5CH_2$	1:500—5000	1:5000	1:1000
O 46	⟨H⟩	1:5000	1:5000	1:5000
O 41	C_3H_7(i)	1:500	1:500	1:500

Einen wesentlichen Einfluß auf die Wirksamkeit der 2-Thion-tetrahydro-1,3,5-thiadiazine haben die Substituenten an den Ringstickstoffatomen (Tab. 3).

Tabelle 3

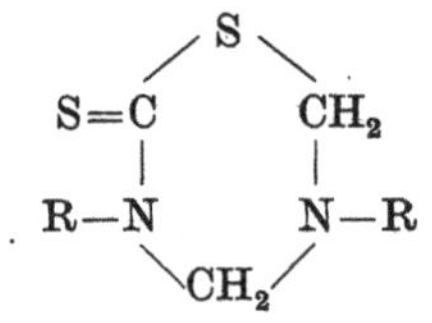

Substanz-Nr.	R	Bakterien	Hefen	Pilze
D 35[46]	CH_3	1:50000	1:50000	1:50000
D 36	C_2H_5	1:50000–100000	1:50000	1:50000
D 41	C_3H_7(i)	1:1000–5000	1:5000	1:10000
D 37	C_4H_9	1:1000–5000	1:5000	1:10000
D 11	$C_{11}H_{23}$	1:500	1:500	1:5000
D 63	$CH_2=CH-CH_2$	1:50000	1:100000	1:500000
D 20	CH_2COOH	1:5000	1:1000	1:500
D 20a	$CH_2COOC_2H_5$	1:10000–50000	1:500000	1:100000
D 46	⟨H⟩	1:500–5000	1:5000	1:10000
D 39	C_6H_5	1:500–5000	1:10000	1:10000
D 40	(p)ClC_6H_4	1:5000–50000	1:10000	1:10000
D 56	(p)$CH_3OC_6H_4$	1:5000	1:5000	1:5000
D 55	(p)$C_2H_5OC_6H_4$	1:5000	1:5000	1:5000
D 47	$C_6H_5CH_2$	1:1000–10000	1:50000	1:100000
D 147	$C_6H_5CH_2CH_2$	1:5000	1:50000	1:50000

Während D 35 mit zwei Methylgruppen am Stickstoff eine recht gute Wirkung hat, tritt ein Abfall der Wirksamkeit bei Substituenten mit längeren Alkylresten auf. Eine Sonderstellung nimmt der Allylrest ein: D 63 ist sehr gut wirksam. Das phenylsubstituierte D 39 ist weniger wirksam als das Benzylderivat (D 47) und das Phenyläthylderivat (D 147). Am günstigsten bezüglich der Beständigkeit ist D 47.

Die Ergebnisse mit Tetrahydro-1,3,5-thiadiazinen, die zwei verschiedene Substituenten an den Ringstickstoffatomen haben, sind in Tabelle 4 aufgeführt.

Tabelle 4

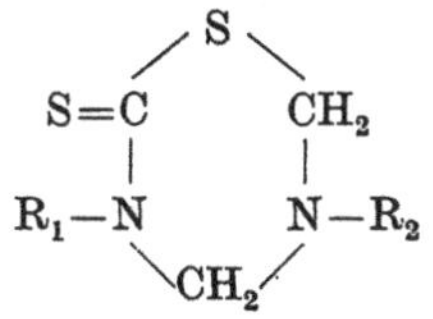

Substanz-Nr.	R_1	R_2	Bakterien	Hefen	Pilze
D 4735	$C_6H_5CH_2$	CH_3	1: 5000– 50000	1:500000	1:500000
D 4736	$C_6H_5CH_2$	C_2H_5	1: 5000– 50000	1: 50000	1:500000
D 4741	$C_6H_5CH_2$	C_3H_7(i)	1: 5000– 50000	1: 50000	1:100000
D 4741_I	$C_6H_5CH_2$	C_3H_7	1: 5000– 50000	1:100000	1:500000
D 4737	$C_6H_5CH_2$	C_4H_9	1: 5000– 50000	1: 50000	1:100000
D 4738	$C_6H_5CH_2$	C_5H_{11}	1: 1000– 50000	1: 50000	1: 50000
D 4763	$C_6H_5CH_2$	$CH_2{=}CH-CH_2$	1: 5000– 50000	1:500000	1:500000
D 4733	$C_6H_5CH_2$	CH_2CH_2OH	1: 5000– 50000	1:500000	1:500000
D 4720	$C_6H_5CH_2$	CH_2COOH	1:10000–500000	1:1 Mill.	1:5 Mill.
D 4721	$C_6H_5CH_2$	CH_2CH_2COOH	1:10000–100000	1:1 Mill.	1:5 Mill.
D 14735	$C_6H_5CH_2CH_2$	CH_3	1:50000–500000	1:500000	1:500000
D 14733	$C_6H_5CH_2CH_2$	CH_2CH_2OH	1:50000–500000	1:500000	1:500000
D 14720	$C_6H_5CH_2CH_2$	CH_2COOH	1: 5000–100000	1:500000	1:1 Mill.
D 3547	CH_3	$C_6H_5CH_2$	1:10000– 50000	1: 50000	1:500000
D 3947	C_6H_5	$C_6H_5CH_2$	1: 5000– 10000	1: 50000	1: 10000
D 4147	C_3H_7(i)	$C_6H_5CH_2$	1: 500– 5000	1: 5000	1: 5000
D 2047	CH_2COOH	$C_6H_5CH_2$	1: 5000	1: 1000	1: 5000
D 20147	CH_2COOH	$C_6H_5CH_2CH_2$	1: 5000– 10000	1: 1000	1: 10000
D 2063	CH_2COOH	$CH_2{=}CH-CH_2$	1: 5000– 10000	1: 1000	1: 10000
D 2035	CH_2COOH	CH_3	1: 5000– 50000	1: 5000	1: 10000
D 3520	CH_3	CH_2COOH	1:50000	1: 50000	1:500000
D 6320	$CH_2{=}CH-CH_2$	CH_2COOH	1:10000– 50000	1: 50000	1:100000
D 6335	$CH_2{=}CH-CH_2$	CH_3	1:50000	1:100000	1:500000

Bei den 2-Thion-tetrahydro-1,3,5-thiadiazinen mit zwei verschiedenen Substituenten an den Ringstickstoffatomen (Tab. 4) zeigt sich deutlich, daß derjenige Substituent für die Wirkung der Substanz maßgeblich ist, der sich an dem der S=C-Gruppe benachbarten Stickstoffatom befindet (R_1). Der Substituent R_2 beeinflußt die Wirksamkeit der Substanz nur wenig. So haben alle von uns dargestellten 2-Thion-tetrahydro-1,3,5-thiadiazine mit zwei verschiedenen Substituenten am Stickstoff eine sehr gute Wirksamkeit, wenn R_1 Methyl, Benzyl, β-Phenyläthyl oder Allyl ist. Substanzen mit diesen Substituenten hatten bei den in Tabelle 3 aufgeführten Verbindungen mit zwei gleichen Resten an den Stickstoffatomen die höchste Wirksamkeit gezeigt. Eine auffallende Wirkungssteigerung wird erzielt, wenn unter Beibehaltung der wirksamsten Reste R_1 die Substituenten R_2 funktionelle Gruppen tragen, die die Wasserlöslichkeit stark erhöhen (z. B. D 4720).

Werden die „wirksamen Substituenten" aber als R_2 in das Molekül eingeführt und ist gleichzeitig R_1 ein „unwirksamer Substituent", wie z. B. Phenyl oder Propyl, dann ergeben sich gemischt substituierte 2-Thion-tetrahydro-1,3,5-thiadiazine von geringerer Wirksamkeit.

Die Bis-[2-thion-tetrahydro-1,3,5-thiadiazinyl-3 und -5]-äthane (VI und VII) zeigen in ihrer Wirkung prinzipiell die gleichen Ergebnisse (Tab. 5). Durch die „quasi-Molekülverdoppelung" werden die Verbindungen unlöslicher als die „einfachen" Vertreter und zeigen entsprechend niedrigere Hemmwerte (z. B. D 35 I im Vergleich zu D 35). Lediglich durch Einführung hydrophiler Gruppen läßt sich auch hier die Wirkung erhöhen (D 20 I).

Tabelle 5

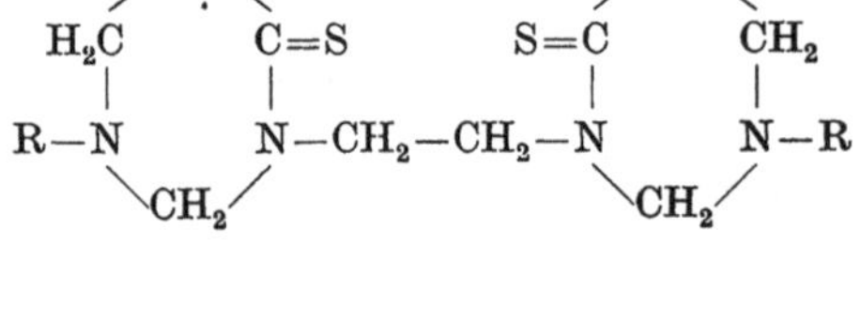

Substanz-Nr.	R	Bakterien	Hefen	Pilze
D HI	H	1: 500— 5000	1: 5000	1: 5000
D OHI	OH	1: 5000— 50000	1: 10000	1: 50000
D 35 I	CH_3	1: 100— 1000	1: 1000	1: 500
D 36 I	C_2H_5	1: 100— 500	1: 500	1: 500
D 63 I	$CH_2{=}CH{-}CH_2$	1: 100	1: 100	1: 100
D 33 I	CH_2CH_2OH	1:50000—100000	1:500000	1:100000
D 20 I	CH_2COOH	1:50000—500000	1:500000	1:100000
D 20 INa	CH_2COONa	1:10000—100000	1:100000	1:500000
D 21 I	CH_2CH_2COOH	1:50000	1:500000	1:100000
D 21 INa	CH_2CH_2COONa	1:10000— 50000	1:100000	1:500000
D 47 I	$C_6H_5CH_2$	1: 100	1: 100	1: 500
D 40 I	$(p)ClC_6H_4$	1: 100	1: 100	1: 100

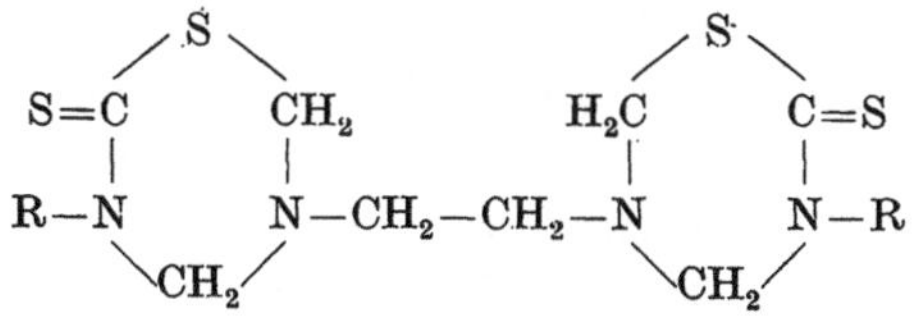

D 35 II	CH_3	1: 100— 500	1: 500	1: 5000
D 36 II	C_2H_5	1: 100	1: 100	1: 100
D 33 II	CH_2CH_2OH	1: 100— 5000	1: 500	1: 5000
D 63 II	$CH_2{=}CH{-}CH_2$	1: 100	1: 500	1: 1000
D 47 II	$C_6H_5CH_2$	1: 100	1: 100	1: 500

Von den dithiocarbamidsauren Salzen sind die Benzyl- und β-Phenyläthylamin-Derivate ebenfalls die wirksamsten Verbindungen (Tab. 6).

Tabelle 6

$$R{-}NH{-}CS{-}S^{-}\ H_3\overset{\oplus}{N}R$$

Substanz-Nr.	R	Bakterien	Hefen	Pilze
d 35	CH_3	1:5000—50000	1: 50000	1: 50000
d 36	C_2H_5	1:1000— 5000	1: 50000	1: 50000
d 39	C_6H_5	1: 500— 5000	1: 10000	1: 10000
d 47	$C_6H_5CH_2$	1:5000—50000	1:500000	1:500000
d 147	$C_6H_5CH_2CH_2$	1:5000—50000	1:500000	1:500000

$R-NH-CS-S^- Me^+$

Substanz-Nr.	R	Me^+	Bakterien	Hefen	Pilze
d 47 Na	$C_6H_5CH_2$	Na	1: 5000–500000	1:500000	1:1 Mill.
d 47 K	$C_6H_5CH_2$	K	1:10000–500000	1:1 Mill.	1:1 Mill.
d 47 Zn	$C_6H_5CH_2$	$Zn_{1/2}$	1:10000–500000	1:100000	1:100000
d 47 M	$C_6H_5CH_2$	$NH_2SO_2C_6H_4CH_2NH_3$	1: 5000–100000	1:500000	1:500000
d 147 Na	$C_6H_5CH_2CH_2$	Na	1: 500– 50000	1:500000	1:500000
d 147 K	$C_6H_5CH_2CH_2$	K	1: 1000– 50000	1:500000	1:1 Mill.
d 147 M	$C_6H_5CH_2CH_2$	$NH_2SO_2C_6H_4CH_2NH_3$	1: 5000–100000	1:500000	1:1 Mill.

Es wurde weiterhin eine große Zahl verschieden substituierter Thiourethane hergestellt und auf ihre Wirkung gegen Mikroorganismen geprüft. Um einen Einblick in die Zusammenhänge zwischen Konstitution und antimikrobieller Wirksamkeit bei den verschieden substituierten Thiourethanen zu erhalten, wurde zunächst eine Reihe solcher Vertreter untersucht, die am Stickstoff und Sauerstoff Arylreste tragen. Hier mußte entsprechend unserer Arbeitshypothese als „Wirkstoff" Arylsenföl auftreten, das keine sehr hohe Wirksamkeit erwarten läßt. Man sieht in Tabelle 7, daß die Wirkung beim O,N-Diphenylderivat nicht sehr groß ist, aber durch Einführung von Chlor in den O-Phenylrest und noch mehr durch Einführung von Chlor, der Hydroxy- oder Carboxygruppe in den N-Phenylrest gesteigert werden kann.

Tabelle 7

$R_1NH-CS-OR_2$

R_1	R_2	Bakterien	Hefen	Pilze
C_6H_5	C_6H_5	1: 500	1: 5000	1: 5000
C_6H_5	$(p)ClC_6H_4$	1:5000	1:10000	1: 50000
$(o)ClC_6H_4$	C_6H_5	1:5000	1:10000	1:100000
$(p)ClC_6H_4$	C_6H_5	1:5000	1:50000	1:100000
$(p)HOC_6H_4$	C_6H_5	1: 500–1000	1:10000	1:100000
$(p)HOOCC_6H_4$	C_6H_5	1: 500–1000	1:10000	1:100000

Eine weitere Wirkungssteigerung war durch Einführung eines Aralkylrestes oder chlorsubstituierten Aralkylrestes zu erwarten. Diese Thiourethane müßten die besonders wirksamen Aralkylsenföle bilden. Tabelle 8 zeigt, daß die Einführung der Chlorbenzyl- oder β-Phenyläthylgruppe am Stickstoff eine erhebliche Steigerung der Wirkung besonders gegen pathogene Hautpilze bringt.

Tabelle 8

$R_1NH-CS-OR_2$ $(R_2 = C_6H_5)$

R_1	Bakterien	Hefen	Pilze
C_6H_5	1: 500	1: 5000	1: 5000
$C_6H_5CH_2$	1:50000	1: 50000	1:500000
(o)$ClC_6H_4CH_2$	1: 5000–500000	1:500000	1:1 Mill.
(p)$ClC_6H_4CH_2$	1: 5000–500000	1:500000	1:1 Mill.
$C_6H_5CH_2CH_2$	1: 5000–500000	1:500000	1:1 Mill.
(p)$ClC_6H_4CH_2CH_2$	1: 1000– 50000	1: 50000	1:100000

Die Chlorbenzyl- und β-Phenyläthylverbindungen zeigen gegenüber Pilzen die stärksten in dieser ganzen Gruppe beobachteten Wirksamkeiten. Mit diesen Verbindungen ist vermutlich ein Wirkungsoptimum erreicht[1]), das sich durch Einführung von Substituenten in den O-Arylrest nicht mehr steigern läßt, sondern bei einigen Vertretern dieser in Tabelle 9 aufgeführten Reihe sogar wieder einen Wirkungsabfall verursacht. Auch bei Ersatz des O-Arylrestes durch eine O-Alkylgruppe tritt eine Wirkungsminderung ein.

Es wurde auch eine Reihe von Thiourethanen mit cycloaliphatischen, heterocyclischen und aliphatischen Aminen synthetisiert und geprüft, von denen je ein Vertreter in Tabelle 10 aufgeführt ist. Die Verbindungen haben eine wesentlich geringere Wirkung als die Aralkylderivate.

---

[1]) Für die wasserlöslichen Thiourethane (XI und XIV) und eine Reihe anderer Verbindungen stehen die Testergebnisse noch aus.

Tabelle 9

$R_1NH-CS-OR_2$ $(R_1 = C_6H_5CH_2CH_2)$

R_2	Bakterien	Hefen	Pilze
C_6H_5	1:5000–500000	1:500000	1:1 Mill.
$(p)ClC_6H_4$	1:5000– 50000	1: 50000	1:1 Mill.
$(p)H_3CC_6H_4$	1:1000– 5000	1:100000	1:500000
$(p)Cl(o)H_3CC_6H_3$	1:1000	1: 10000	1: 50000
$(o)CH_3OC_6H_4$	1: 500– 5000	1: 50000	1: 50000
$(p)CH_3OC_6H_4$	1:1000– 5000	1:100000	1:1 Mill.
C_2H_5 $(R_1 = C_6H_5CH_2)$	1:5000	1: 5000	1: 50000

Tabelle 10

$R_1NH-CS-OR_2$ $(R_2 = C_6H_5)$

R_1	Bakterien	Hefen	Pilze
	1: 500	1:5000	1:5000
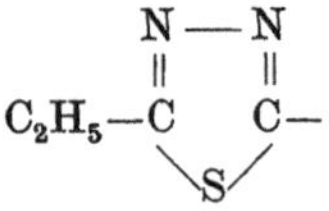	1:1000–5000	1:5000	1:5000
$CH_2=CH-CH_2$	1:5000	1:5000	1:5000

Praktisch keine antimikrobielle Wirksamkeit haben Thiourethane, die durch Umsetzung mit sekundären Aminen hergestellt wurden, die also am Stickstoffatom kein Wasserstoffatom mehr besitzen und bei denen somit die Möglichkeit zur Senfölbildung fehlt. Wir sehen darin einen Hinweis dafür, daß die Wirksamkeit der Thiourethane im Zusammenhang mit der Möglichkeit zur Senfölbildung steht.

Tabelle 11

$R_1R_2N-CS-OR_3$ $(R_3 = C_6H_5)$

R^1	R_2	Bakterien	Hefen	Pilze
$C_6H_5CH_2$	C_2H_5	1:100	1:100	1:500
$C_6H_5CH_2$	$C_6H_5CH_2$	1:100–500	1:100	1:500
$C_6H_5CH_2$	C_6H_5	1:100	1:100	1:500

Es war noch notwendig, besonders im Hinblick auf eine klinische Anwendung der 2-Thion-tetrahydro-1,3,5-thiadiazine zu prüfen, ob diese Substanzen in Gegenwart von Eiweiß ihre Wirksamkeit behalten. Im Plattentest in Gegenwart von 10% Serum oder 10% Blut im Nährboden zeigten sie keinen Eiweißfaktor. Ferner war zu prüfen, ob die antimykotische Wirkung in Gegenwart von oberflächenaktiven Stoffen, also Seifen und Netzmitteln, erhalten bleibt. Es zeigte sich, daß die Wirkung nicht verringert, sondern manchmal sogar noch erhöht wird. Mit einer Seife, die 3% D 47 enthielt, wurden im Pilzwaschtest gegenüber Mikrosporum gypseum ganz ausgezeichnete Wirkungen erzielt. Die in Tabelle 12 aufgeführten Versuche zeigen, daß die D 47-Seife eine starke antimykotische Wirkung bereits in 1- und 2%iger Lösung hat. Dies schließt einen großen Sicherheitsfaktor ein, da bei normalem Händewaschen Seifenkonzentrationen von 5—7% erreicht werden.

Tabelle 12

Konzentration der Seifenlösung →	D-47-Seife				Leerseife	
	1%		2%		1%	
Einwirkungszeit ↓	1. Wo.	2. Wo.	1. Wo.	2. Wo.	1. Wo.	2. Wo.
2 Min.	2	5	0	0	25	50
5 Min.	0	2	0	0	25	50
10 Min.	0	0	0	0	25	50

Bei dem Pilzwaschtest wurde zunächst der auf den Nährboden geimpfte Pilz (Mikrosporum gypseum) 3 Tage bebrütet. Dann wurde er mit Seifenlösung übergossen und diese nach 2, 5 oder 10 Minuten langer Einwirkungszeit wieder gut abgespült. Anschließend wurden die Platten weiter bebrütet und nach einer Woche bzw. zwei Wochen die Größe der gewachsenen Pilzkolonien (Durchmesser in mm) gemessen.

Die in den Tabellen 2—11 angeführten Testergebnisse erlauben eine weitgehende Aussage über den Zusammenhang zwischen

Konstitution und antimikrobieller Wirksamkeit der untersuchten Dithiocarbamidsäurederivate, 2-Thion-tetrahydro-1,3,5-thiadiazine und Thiourethane. Gemeinsam ist in allen Verbindungsklassen die überragende Wirkung der benzyl- und β-phenyläthyl-substituierten Verbindungen. In den Naturstoffen zeigte es sich ja auch, daß gerade diese Senfölglucoside (I: R = β-Phenyläthyl, Benzyl) die beste Wirksamkeit haben. Eine weitere Erhöhung der Wirkung tritt auf, wenn unter Beibehaltung dieser Substituenten die Wasserlöslichkeit der Verbindungen durch hydrophile Reste gesteigert wird. Voraussetzung für eine Wirkung ist bei den Tetrahydro-1,3,5-thiadiazinen die Konfiguration $>\mathrm{N}-\underset{\underset{\displaystyle\mathrm{S}}{\|}}{\mathrm{C}}-\mathrm{S}-$, bei den Thiourethanen die Gruppierung $-\mathrm{NH}-\underset{\underset{\displaystyle\mathrm{S}}{\|}}{\mathrm{C}}-\mathrm{O}-$. Der Ersatz der Thion-Gruppierung in den Tetrahydro-1,3,5-thiadiazinen durch die Ketogruppe und der Ersatz des sekundären Wasserstoffatoms der N-substituierten Thiourethane führt praktisch zum Verlust der Wirkung; ein Beweis, daß die Wirkung abhängig ist von der Möglichkeit zur intermediären Senfölbildung. Der Übergang von $-\mathrm{NH}-\underset{\underset{\displaystyle\mathrm{S}}{\|}}{\mathrm{C}}-\mathrm{S}-$ zu $-\mathrm{NH}-\underset{\underset{\displaystyle\mathrm{S}}{\|}}{\mathrm{C}}-\mathrm{O}-$ (von II zu IV) hat praktisch keinen Einfluß auf die Wirkung.

Bemerkenswert ist, daß die Thiourethane das Pilzwachstum stärker beeinflussen als das der Bakterien und Hefen. Bei den Tetrahydro-1,3,5-thiadiazinen und dithiocarbamidsauren Salzen ist der Unterschied weniger auffällig.

Allgemein kann gesagt werden, daß die von uns dargestellten Verbindungen in ihrer bactericiden und fungiciden Wirkung den im Handel befindlichen Spitzenpräparaten zumindest gleichwertig und in vielen Fällen eindeutig überlegen sind, zumal ihre Wirkung (außer der der Thiourethane) in Gegenwart grenzflächenaktiver Stoffe und Serum (kein Eiweißfaktor) nicht beeinträchtigt wird.

IV. Klinische Untersuchungen

Die Pilzinfektionen haben in den letzten Jahren erheblich zugenommen, vor allem seit man bakterielle Infektionen mit Breitspektrumantibiotica behandelt. Die Unterdrückung der physiologischen Bakterienflora des Darmes läßt für Hefepilze Entwicklungsmöglichkeiten frei werden. So kann es bei Patienten mit schlechter Immunitätslage nach Behandlung mit Antibiotica zu klinisch manifesten Pilzinfektionen von Haut und Schleimhaut und in besonders schweren Fällen auch der inneren Organe, wie z. B. der Lunge, kommen. Nach statistischen Erhebungen ist etwa jeder zweite Mensch von Hautpilzen befallen.

Als Erreger der Hautpilzerkrankungen kommen vor allen Dingen Vertreter der Gattung Trichophyton und Epidermophyton in Frage. Neuerdings gewinnt auch der Soorpilz [Candida (Monila) albicans] an Bedeutung.

Die Therapie der Dermatomykosen geht zwar von günstigen Voraussetzungen aus, da die Krankheitsherde meist lokal zugänglich sind. Trotzdem bieten auch die Hautpilzerkrankungen erhebliche Schwierigkeiten. Erinnert sei nur an die bekannten Nachteile der früher und auch heute noch in großem Umfange verwendeten organischen Farbstoffe und Teerpräparate und an die Tatsache, daß fast alle bisher aufgefundenen in vitro wirksamen Verbindungen in Gegenwart von grenzflächenaktiven Stoffen und Eiweiß mehr oder minder inaktiviert werden.

Von einem modernen Antimykotikum wird eine fungicide Wirkung auch bei starker Verdünnung, eine günstige Tiefenwirkung im Gewebe ohne Inaktivierung (kein Eiweißfaktor), geringe Toxicität (keine Resorptionsschäden), saubere, farblose und möglichst auch innertherapeutische Anwendung gefordert. Die Vielzahl der Präparate [47] zeigt, daß ein souveränes Mittel noch nicht gefunden ist.

Die von uns dargestellten 2-Thion-1,3,5-tetrahydro-thiadiazine (III) entsprechen in ihren Eigenschaften weitestgehend den obengenannten Forderungen, die an ein modernes Antimykotikum gestellt werden. Sie wurden daher einer eingehenden klinischen Prüfung in den Hautkliniken der Medizinischen Akademie Erfurt (Professor Dr. Piper, Oberarzt Dr. Wiedemann und Dipl.-Chem. Nejedly) und der Charité Berlin (Professor Dr. Linser und Frau Oberarzt Dr. Langer) unterzogen. Das war besonders wichtig im Hinblick auf die günstigen Erfahrungen mit „Tromalyt" [48].

In die engere Wahl für eine klinische Untersuchung kamen solche Substanzen, die hautverträglich, geruchsfrei, gut haltbar und relativ leicht und billig herzustellen sind. Es wurde deshalb aus der Reihe der Tetrahydro-1,3,5-thiadiazine eine Substanz mit zwei gleichen Substituenten an den Stickstoffatomen, nämlich das 2-Thion-3,5-dibenzyl-tetrahydro-1,3,5-thiadiazin (D 47), ausgewählt, das nicht wasserlöslich ist und sich zur Bereitung von öligen Tinkturen und Pudern gut verwenden läßt. Als zweite Substanz wurde das 2-Thion-3-benzyl-5-β-hydroxyäthyl-tetrahydro-1,3,5-thiadiazin (D 4733) in die klinische Prüfung mit einbezogen, weil es eine gewisse Wasserlöslichkeit besitzt.

Der klinischen Prüfung [49] der D-Körper gingen epicutane Testungen und Toxicitätsbestimmungen voraus. Dabei zeigten sich bei 50 hautgesunden Personen keinerlei Unverträglichkeitserscheinungen. Die Toxicitätsbestimmungen[1]) ergaben für D 47 und D 4733 eine LD_{50} von 7—10 mg pro 15—20 g Maus.

Die D-Körper wurden bei den Therapieversuchen in Form der Verbindungen D 35, D 47, D 4733 und D 4735 angewandt. Ein wesentlicher Unterschied in bezug auf die antimykotische

---

[1]) Für die Durchführung der Versuche sei Herrn Oberarzt Dr. Schabinski, Hygiene-Institut der Friedrich-Schiller-Universität Jena, gedankt

Wirkung konnte nicht festgestellt werden; jedoch zeigte D 47 die wenigsten Reizungen und wurde daher vorzugsweise verwendet.

In den meisten Fällen kamen als Applikationsformen Tinkturen (D 47 3,0; Aceton 15—20; Ol. ped. tauri ad 100,0), D-körperhaltige Vasenol-Puder und 3% D-körperhaltige Hartseifen zur Anwendung. Über 200 Patienten mit Mykosen der Haut, der Nägel und der Haare wurden behandelt; bei 50 Patienten konnte eine Auswertung erfolgen. Bei Tinea pedum, manuum et corporis wurden $^3/_4$ der Fälle geheilt; $^1/_4$ sprachen nicht an. Drei tiefe Trichophytien und 6 Mikrosporien heilten ohne Versager und ohne Rö.-Epilation ab. Bei 9 Nagelmykosen mit 57 befallenen Nägeln wuchsen 32 Nägel erscheinungsfrei nach. Bei den Mikrosporien wurde zusätzlich manuell epiliert, bei den Nagelmykosen mußte die Behandlung mit einer totalen Extraktion kombiniert werden. Unverträglichkeiten zeigten sich nur bei den Oberhautmykosen (von 32 Fällen 4 Patienten).

Da Dermatomykosen oft mit einer Hyperhydrosis an Füßen und Händen verbunden sind, haben sich tägliche Waschungen mit der D-47-Seife und nachfolgende Puderungen mit dem D-47-Puder vorzüglich bewährt.

Eine weitere Überprüfung (Betriebssanitätsstelle des VEB Kaliwerk „Karl Marx", Sollstedt) an 30 Patienten mit Interdigitalmykosen ergab bei 21 Patienten nach 8 Tagen eine völlige Erscheinungsfreiheit. 3 Patienten sprachen nicht an.

Aus diesem noch nicht abgeschlossenen Erfahrungsmaterial ergibt sich aber schon jetzt, daß die 2-Thion-tetrahydro-1,3,5-thiadiazine und ihre Zubereitungen, die sich gegenüber der Haut physiologisch völlig einwandfrei verhalten, in der Dermatologie zur Bekämpfung von Hautpilzerkrankungen, in der medizinischen, insbesondere chirurgischen Desinfektion und in der Kosmetik zur Desodorierung bestens geeignet sind [50].[1])

---

[1]) In nächster Zeit werden D-körperhaltige Puder und Tinkturen (VEB Vasenol-Werk, Leipzig) und Seifen (VEB Episan, Zeulenrodaer Seifenfabrik) im Handel erscheinen

Es wäre z. B. ohne kostspieligen Aufwand möglich, diese Verbindungen in großem Rahmen in Bergwerken zur Prophylaxe und Therapie der sehr häufig auftretenden Zwischenzehenmykosen von Bergleuten, etwa in Form eines Sprays oder als Lösungen in den Waschräumen, einzusetzen. Matten und Holzroste in den Duschkabinen als häufige Pilzträger könnten imprägniert werden. Eine große Zahl von Arbeitsausfällen durch Pilzerkrankungen ließe sich bei einer umfangreichen Anwendung dieser Verbindungen sicher vermeiden.

Es wäre auch an eine Bekämpfung der in jüngster Zeit immer häufiger auftretenden Pilzerkrankungen von Nutztieren zu denken. Sehr gute Erfolge wurden bisher bei Waschungen pilzverseuchter Schweine und Rinder mit der Verbindung d 47 erzielt.

Ein weiteres noch nicht erschlossenes Anwendungsgebiet ist die Konservierung leicht verderblicher, von Bakterien und Pilzen befallener Lebensmittel. Dadurch würde ein billiger Ersatz der zu diesem Zweck viel zu teuren Antibiotica möglich sein.

Auch im Pflanzenschutz könnte eine Anwendung erfolgen, wenn selektive und spezielle Wirkungen verlangt werden.

Nicht zuletzt ist die bei vielen Menschen unangenehme Geruchsbildung bei der Schweißsekretion ein bisher noch nicht immer befriedigend gelöstes kosmetisches Problem. Eine gebremste bactericide und fungicide Wirkung der in solchen Fällen zu üppigen und ungesunden Bakterien- und Pilzflora auf das Maß einer normalen Hautflora wäre mit diesen Substanzen als Zusätze zu Pudern und Seifen möglich.

Aus diesen kurzen Hinweisen ergibt sich, daß noch keineswegs alle Anwendungsmöglichkeiten der von uns hergestellten Verbindungen erschöpft sind.

V. Hemmung der Virussynthese

Die Chemotherapie der Virusinfektionen muß heute noch als absolut problematisch angesehen werden. Ein Behandlungserfolg, der allgemeine Anerkennung gefunden hat, liegt bisher noch nicht vor. Das wird verständlich, wenn man sich die Eigenarten der Viren vor Augen hält.

Während alle übrigen Mikrobien mit Hilfe eines eigenen Stoffwechsels körpereigene Substanzen aufbauen, sind Viren als echte Zellparasiten darauf angewiesen, das Fermentsystem einer lebenden Zelle für Wachstum und Vermehrung auszunutzen. Diese Vermehrung vollzieht sich in einzelnen Schritten.

Das eingedrungene Virus bindet sich zunächst mit Hilfe seiner Mucinase an die Zelle und vollzieht damit die Infektion. Bis zum Austritt einer neuen Virusgeneration erfolgt jetzt eine Latenzphase, während der das Virus nicht mehr nachweisbar ist. Man nimmt an, daß während dieser Periode ein Zerfall der Viren in Untereinheiten eintritt. Es erfolgt eine Umschlüsselung des Zellstoffwechsels auf die Virusproduktion. Mit Hilfe der entstandenen Vorstufen setzt unter Ausnutzung zelleigener Bausteine die identische Reduplikation ein. Wie für eine biologische Eiweißsynthese ist auch für die Virussynthese Energie nötig, die durch Verbrauch von Sauerstoff, also Zellatmung, gewonnen wird. Schließlich erfolgt die Elutionsphase, in der die Viren aus den Wirtszellen wieder austreten und neue Infektionen in anderen Zellen verursachen können.

Unter Berücksichtigung dieses Cyclus können Stoffe im Organismus das Wachstum von Viren hemmen, die in 3 Richtungen angreifen; die

1. eine Inaktivierung des Virus selbst herbeiführen, ohne daß die lebende Zelle geschädigt wird;
2. die Fähigkeit des Virus stören, sich mit Hilfe seiner Mucinase an die Zelle zu binden;

3. den Stoffwechsel der Wirtszelle so beeinflussen oder schützen, daß er vom eingedrungenen Virus nicht mehr auf die Virusvermehrung umgeschlüsselt werden kann.

Während es schwierig sein wird, Stoffe mit den Angriffsrichtungen 1 und 2 zu finden, die also virucid wirken, ohne die Zelle zu schädigen, besteht eine größere Aussicht, wirksame Verbindungen einzusetzen, die den Sauerstoffverbrauch der Zelle auf das normale Maß reduzieren, so daß für den wesentlich höheren Energiebedarf der Zelle bei Virusvermehrung kein Betrag mehr übrigbleibt.

In den letzten Jahren sind Arbeiten über die Behandlung infektiöser, wahrscheinlich virusbedingter Erkrankungen, z. B. Grippe [21], mit Kressensamenöl erschienen. Wie WINTER und RINGS-WILLEKE [22] zeigen konnten, ist der wirksame Stoff Benzyl- und Allylsenföl. Nach Untersuchungen von SPRÖSSIG und SCHABINSKI-STEPAN [17] greift der Wirkstoff der Kapuzinerkresse genau wie das Chinin als Atmungsgift ein und blockiert wahrscheinlich die in den Mitochondrien lokalisierten Atmungsfermente [51]. Er vermag dadurch die Virussynthese zwar zu hemmen, ist aber nicht in der Lage, das Virus selbst zu inaktivieren.

Wir sahen in diesen Ergebnissen wichtige Hinweise, auch unsere Verbindungen auf ihre Wirkungen gegen Viren prüfen zu lassen. Diese Untersuchungen wurden von Dozent Dr. Sprössig (Institut für Medizinische Mikrobiologie der Medizinischen Akademie Erfurt) und von Professor Dr. Dr. Röhrer und Frau Dr. Schmidt (Forschungsanstalt für Tierseuchen, Insel Riems, Friedrich-Loeffler-Institut) durchgeführt.

Die schnellste und sicherste Prüfung von Substanzen auf virusaktive Wirkung erfolgt nach der Methode von BERNKOPF [52]. Aus 15—16 Tage bebrüteten Hühnereiern wurde der Embryo entfernt und die Chorio-Allantois-Membran, die die Kalkschale auskleidet, zur Viruszüchtung verwendet [53] (vgl. Abb. 1). Das Virus wurde in die Nährflüssigkeit überimpft. Eine gleichmäßige Belüftung und Bespülung der Chorio-Allantois erfolgte durch langsame Rotation einer um 45° geneigten Scheibe, auf der die Eier befestigt waren. Der Versuch lief im Brutschrank bei einer Temperatur von 37° ab. 48 Std. lang wurden alle 2 Std.

Proben der Nährflüssigkeit entnommen und auf Virusgehalt untersucht. Hierzu diente der hämagglutinierende Faktor des Virus. Die für die Wachstumsprüfung in Frage kommenden Viren (z. B. Influenza- und Newcastle-Virus) vermögen sich an Hühnerblutkörperchen spezifisch zu adsorbieren. Dabei bringen sie die Erythrocyten in einer Art Brückenbildung zur Agglutination, die sich in einer Filmbildung in der Reagenzglaskuppe äußert. Durch Herstellung einer geometrischen Verdünnungsreihe der unbekannten Virusaufschwemmung läßt sich leicht der Grenzwert bestimmen, bei dem gerade noch eine Filmbildung eintritt und so eine relative Mengenbestimmung der ultravisiblen Viruselementarkörperchen durchführen.

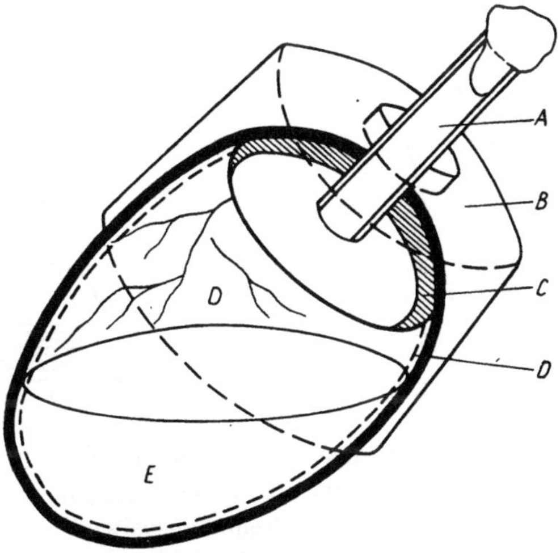

Abb. 1. Längsschnitt durch ein exembryoniertes Brutei
A Glasröhrchen mit Wattestopfen
B Gummikappe
C Paraffinring
D Chorio-Allantois-Membran
E Nährflüssigkeit

In einem Siebtest mit dem Influenzavirus Stamm FM 1 wurde die Wirksamkeit von 35 2-Thion-tetrahydro-1,3,5-thiadiazinen und Thiourethanen in einer Konzentration von 10 γ/ml Nährflüssigkeit geprüft [54]. Dabei ergab sich eine eindeutige Überlegenheit der Thiourethane gegenüber den Tetrahydrothiadiazinen. In Abbildung 2a sind die Vermehrungskurven der Viren bei *gleichzeitiger* Zugabe von 10 γ Thiourethan/ml Nährlösung angegeben.

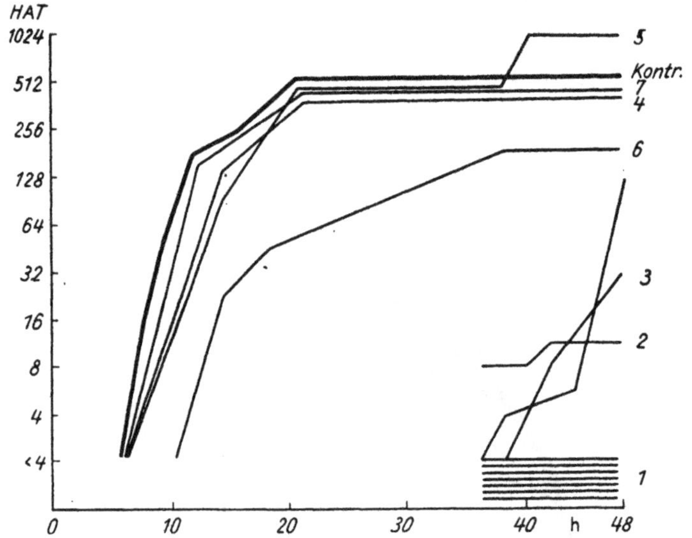

Abb. 2a. Siebtest mit Influenzavirus Stamm FM 1

1 Thiourethane, Phenyläthylsenföl abspaltend
2 Thiourethane, Benzylsenföl abspaltend
3 Thiourethan, Allylsenföl abspaltend
4 Thiourethan, Phenylsenföl abspaltend
5 Thiourethan, 4-Chlorphenylsenföl abspaltend
6 Thiourethan, Cyclohexylsenföl abspaltend
7 von sek. Aminen abgeleitete Thiourethane, kein Senföl abspaltend

Das Impfmaterial, das einen Hämagglutinationstiter (HAT) von 1 : 4 aufwies, ist bei der Entnahme nach 2 Std. nicht mehr nachweisbar; erst nach einer Latenzzeit von etwa 8 Std. steigt der HAT deutlich an, um wie in diesem Beispiel dann eine Titerhöhe von 1 : 512 zu erreichen. Aus Abbildung 2a ist klar zu ersehen, daß die Thiourethane in 3 Gruppen aufgegliedert werden können. Die unter 4, 5, 6 und 7 aufgeführten Verbindungen streuen mehr oder weniger stark um die Kontrollkurve, so daß mit ziemlicher Sicherheit gesagt werden kann, daß alle diese Verbindungen auf das Viruswachstum so gut wie keinen Einfluß haben. Die unter 1 zusammengefaßten Verbindungen hemmen bei einer Konzentration von 10 γ pro ml Nährflüssigkeit die Virussynthese völlig. Bei diesen Verbindungen handelt es sich

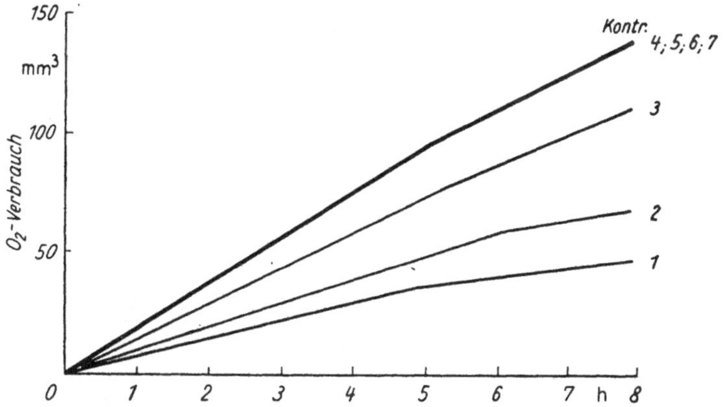

Abb. 2b. Zellatmungsversuche im Warburg-Apparat

um die auch schon gegen Bakterien, Hefen und Pilze gut wirksamen N-β-Phenyläthyl-thiocarbamidsäure-O-arylester, also Verbindungen, die in der Lage sind, β-Phenyläthylsenföl zu bilden. Die Kurven 2 und 3 werden von Verbindungen gegeben, die keine vollständige Hemmwirkung zeigen.

Nach dem Siebtest wurden mit den als besonders wirksam erkannten Substanzen (Gruppe 1) Grenzwertbestimmungen unter Anwendung von 10, 5, 2,5 und 1 γ/ml Nährlösung durchgeführt. Die Versuchsergebnisse sind in Abbildung 3 enthalten.

Daraus ist ersichtlich, daß bei allen Verbindungen zur völligen Einstellung der Virussynthese auffallend einheitlich 10 γ/ml erforderlich sind. Die Kurven bei Mengen von 1 γ/ml decken sich in den meisten Fällen so stark mit den Kontrollkurven, daß auf deren Einzeichnung in Abbildung 3 mit Ausnahme des N-β-Phenyläthylthiocarbamidsäure-O-[4-methoxy]-phenylesters verzichtet wurde.

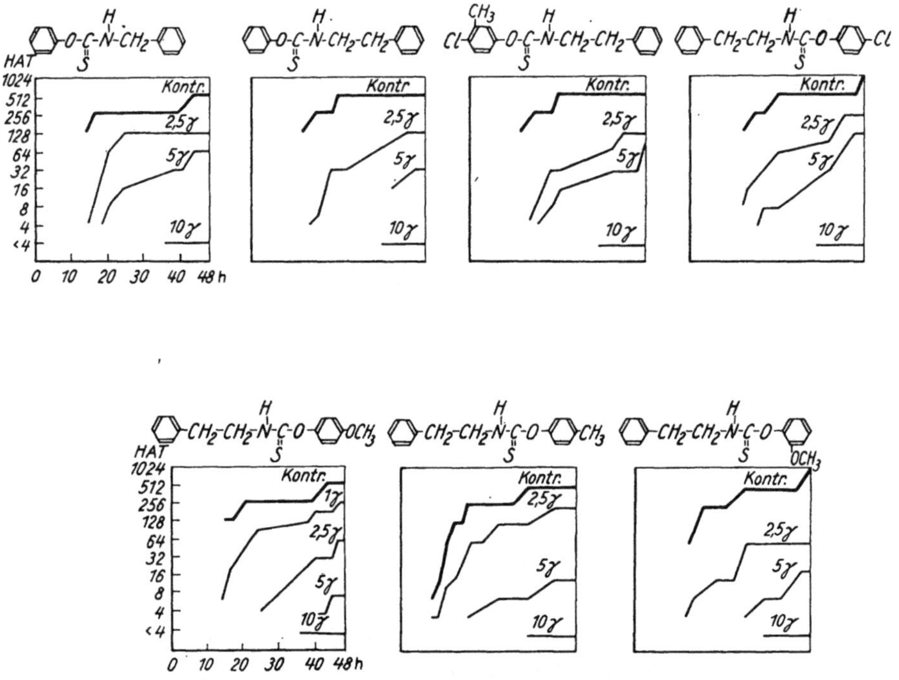

Abb. 3. Grenzwertbestimmungen mit Influenzavirus Stamm FM 1

1. *Versuche zur Klärung des Wirkungsmechanismus*

Es war nun die Frage zu entscheiden, ob der Angriffspunkt der Substanzen auf das Virus selbst oder über den Stoffwechsel der Wirtszelle erfolgt. Zu diesem Zwecke wurden die Substanzen der Gruppe 1 zwei Stunden in einer Konzentration von 10 γ/ml mit den Influenzaviren bei Zimmertemperatur zusammengebracht. Danach erfolgte die Verimpfung auf die exembryonierten Eier in einer so starken Verdünnung, daß die Substanzen mit Sicherheit keinen nachteiligen Einfluß auf den Zellstoffwechsel haben konnten. Die Kurvenschar in Abbildung 4 zeigt deutlich, daß eine Inaktivierung der Viren nicht stattgefunden hat. Eine *virucide* Wirkung liegt also *nicht* vor.

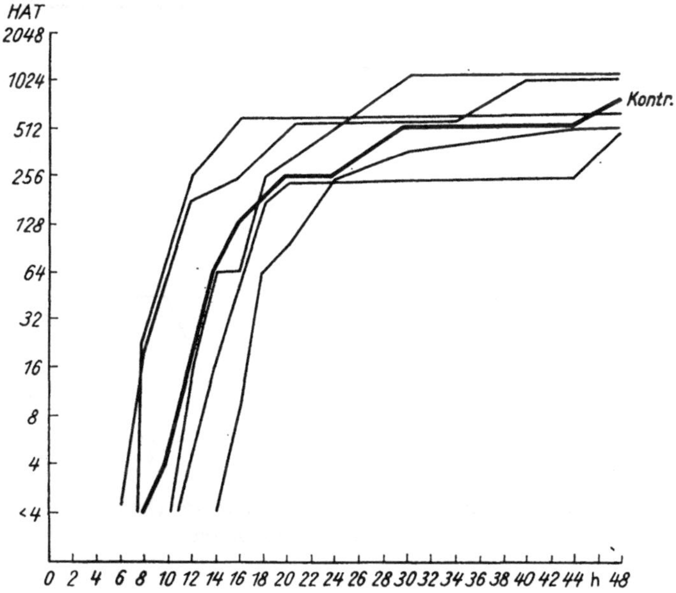

Abb. 4. 2 Std. Einwirkung auf Virus vor der Verimpfung

Um zu prüfen, ob die *vorherige* Einwirkung der Substanzen auf die Eihaut noch nachträglich die Virusvermehrung beeinflußt, wurden 10 γ/ml in Nährflüssigkeit 6 Std. im exembryonierten Ei rotiert. Dann wurde dreimal mit Nährlösung gut ausgespült. Wie Abbildung 5 zeigt, ist jetzt eine Umstimmung des Stoffwechsels der Zelle erfolgt, so daß das Viruswachstum gehemmt ist.

Die Kurven zeigen, daß die nachträgliche Einwirkung der Substanzen auf die Virussynthese in der Wirtszelle unterschiedlich ist. Die bei der Grenzkonzentrationsbestimmung besonders wirksamen Substanzen (Gruppe 1) wirken auch hier besonders nachhaltig.

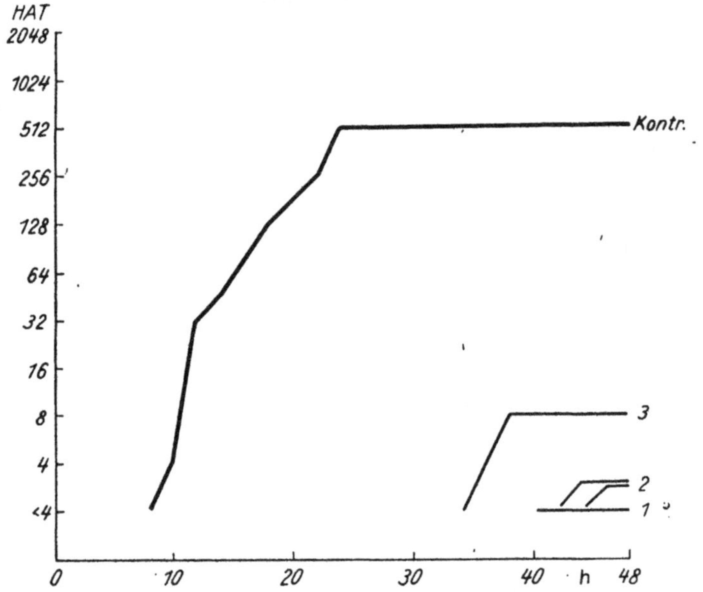

Abb. 5. 6 Std. Einwirkung der Substanzen (10 γ/ml) auf die Eihaut vor Infektion

Zur Klärung des Wirkungsmechanismus für unsere Verbindungen war es wichtig, zu wissen, ob sie in der Lage sind, eine einmal in Gang gekommene intrazelluläre Virussynthese zu hemmen. Zu diesem Zwecke wurden die wirksamsten Substanzen im Abstand von 2, 4, 8 und 16 Std. nach der Virusverimpfung in einer Konzentration von 10 γ/ml zugesetzt. Man sieht in Abbildung 6, daß von fast allen Substanzen die Virussynthese voll gehemmt wird, wenn der Wirkstoff nach 2, 4 oder 8 Std. zugegeben wird. Erst eine Zugabe nach 16 Std. bewirkt bei der angewandten Konzentration so gut wie keine Hemmung der einmal in Gang gekommenen Synthese mehr.

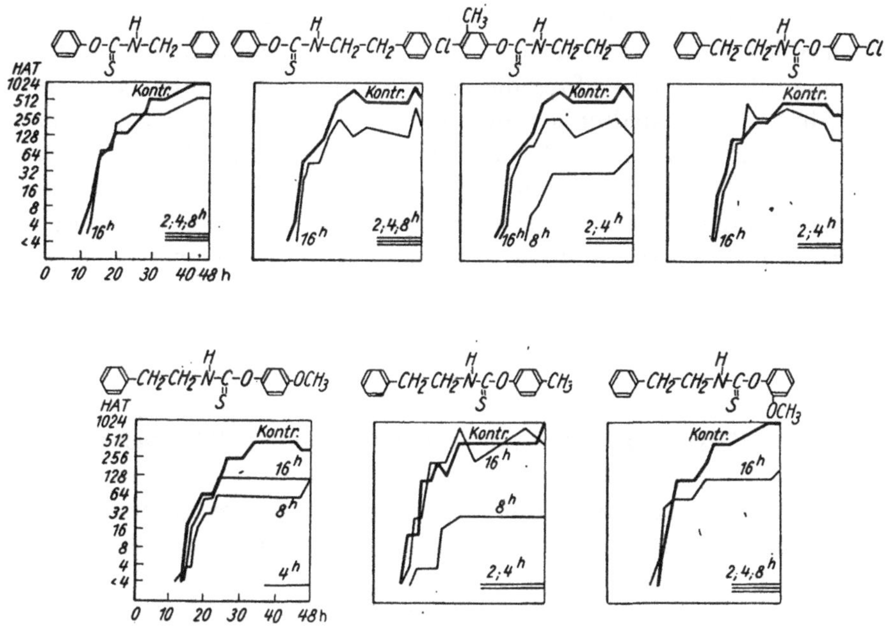

Abb. 6. Hemmung in Gang gekommener Virussynthese

2. *Versuche über die Beeinflussung der Zellatmung*

Von größter Bedeutung für eine praktische Anwendbarkeit der das Viruswachstum hemmenden Stoffe ist die Frage der Zellschädigung und der negativen Beeinflussung der Zellatmung. Der Sauerstoffbedarf einer Zelle, in der eine Virussynthese stattfindet, ist etwa 100mal so groß wie der einer normalen Zelle.

Das gesamte Verhalten der Thiourethane auf die Beeinflussung der Virussynthese erfährt sofort eine Klärung, wenn man die dazu parallel angestellten Atmungsversuche im Warburg-Apparat betrachtet (vgl. Abb. 2b). Dabei zeigt sich, daß die hochwirksamen β-Phenyläthylsenföl abspaltenden Verbindungen die Atmung ganz beträchtlich beeinflussen, ohne sie jedoch ganz aufzuheben, wie das z. B. beim Chinin der Fall wäre. Sie sind also keine ausgesprochenen Zellnarcotica. Ihnen folgen nach der quantitativen Abstufung die Benzylsenföl abspaltenden und das Allylsenföl abspaltende Thiourethan. Alle anderen Kurven der im exembryonierten Ei nicht wirksamen Thiourethane decken sich annähernd mit der Kontrollkurve. Der Grad der Atmungshemmung und damit eine verminderte Bereitstellung der Energie für die Biosynthese ist also letztlich in diesen Versuchen als das wirksame Prinzip bei der Hemmung der Virussynthese anzusehen.

3. *Versuche zur Prophylaxe und Heilung von Tierseuchen*

Für eine pharmakologische Verwendbarkeit der untersuchten Verbindungen ist die Toxicität von entscheidender Bedeutung. Die Bestimmung der LD_{50} für d 47, D 47 und D 4733 ergab 7—10 mg pro 20 g Maus; von den Tiourethanen wurden durchschnittlich 10—30 mg/20 g Maus noch vertragen.[1]) Das sind bei so wirksamen Verbindungen keine hohen Toxicitäten. In Tierversuchen zeigte sich, daß wiederholte Gaben von kleinen Mengen ohne jede Störung vertragen wurden. Eine Sensibilisierung von Meerschweinchen und weißen Ratten, die 3 Wochen lang D 47 teils epicutan, teils subcutan oder peroral verabreicht bekamen, trat nicht auf. Auch nach vorheriger Sensibilisierung der Versuchstiere mit Dinitrochlorbenzol und nachfolgender Testung mit D 47 war keine allergische Reaktion feststellbar. Das Verhalten, das Befinden und die Trächtigkeit der Tiere wurden bei täglichen oralen Gaben von 50—100 mg D 47 über längere Zeiträume in keiner Weise beeinträchtigt.[2]) — Die D-Körper verursachten

---

[1]) Wir danken Herrn Wiangke, Institut für Mikrobiologie und experimentelle Therapie, Jena, für die Durchführung der Versuche.

[2]) Für die Untersuchungen sind wir Herrn Dr. Koch, Hautklinik der Medizinischen Akademie Erfurt, zu Dank verpflichtet.

keinerlei Schädigungen der blutbildenden Organe.[1]) Weder der Hämoglobingehalt des Blutes (Abb. 7) noch die Erythrocytenzahl (Abb. 8) von weißen Ratten erleidet bei 16tägiger Behand-

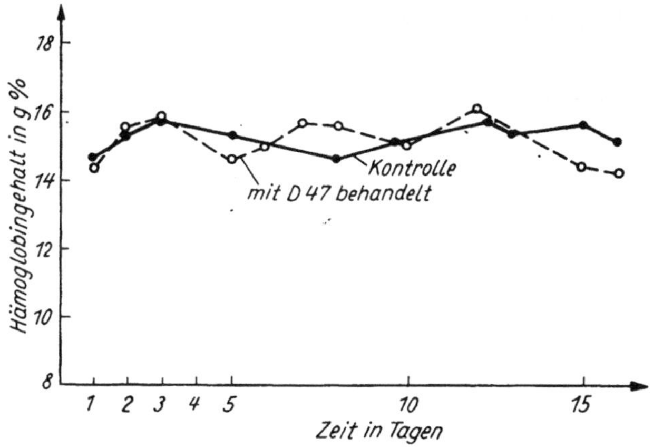

Abb. 7. Veränderung des Hämoglobingehaltes von weißen Ratten unter Behandlung mit D 47

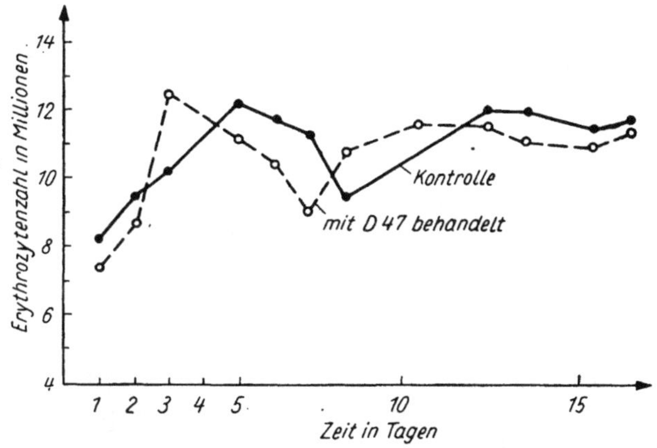

Abb. 8. Veränderung der Erythrocytenzahl von weißen Ratten unter Behandlung mit D 47

[1]) Herrn Professor Dr. Lührs und Herrn Dipl.-Chem. Heise, Geschwulstklinik, Berlin-Buch, sei für die Durchführung der Untersuchungen gedankt.

lung mit D 47 eine Veränderung. Dagegen wurde eine bemerkenswerte Steigerung der Leukocytenzahl, wie sie bei Entzündungen und bei einem Organismus mit gesteigerter Abwehrbereitschaft auftritt, beginnend am zweiten bis dritten Tag, beobachtet (Abb. 9).

Die entsprechenden Untersuchungen mit den Thiourethanen sind noch nicht abgeschlossen.

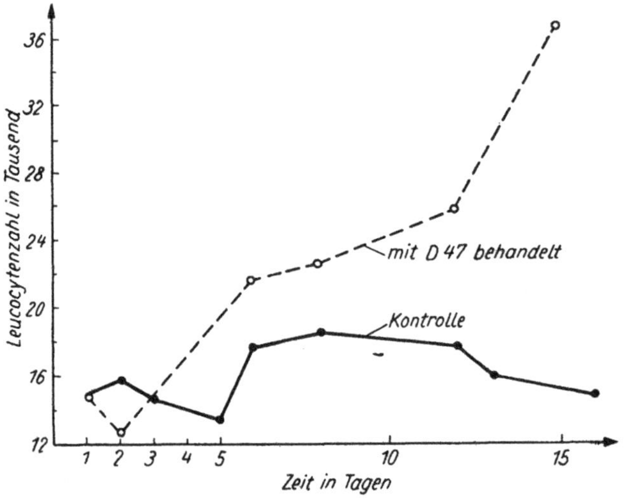

Abb. 9. Veränderung der Leukocytenzahl von weißen Ratten unter Behandlung mit D 47

Ebenfalls über eine Steigerung der Leukocytenzahl bei Injektionen von „Tromalyt“ berichtete HALBEISEN [15]; STICKL [14] konnte durch „Tromalyt“ klinisch und experimentell eine unspezifische Reizkörperwirkung sowie eine günstige Beeinflussung der körpereigenen Abwehr feststellen.

Die Untersuchungen von SPRÖSSIG und MÜCKE [53] über die Hemmung der Virussynthese des Influenzavirus (Stamm FM 1) durch die Thiourethane im exembryonierten Ei konnten in der

Forschungsanstalt für Tierseuchen, Insel Riems, Friedrich-Loeffler-Institut, bestätigt werden.[1])

Es schien daher lohnend, die Thiourethane und auch die Tetrahydro-1,3,5-thiadiazine — da zwischen der Chorio-Allantois-Membran und dem tierischen Organismus häufig Unterschiede bestehen — im Tierversuch zu prüfen.[1]) In Vorversuchen war bereits festgestellt worden, daß keines der Präparate in angemessenen Dosen toxische Eigenschaften für das Huhn besitzt. Sowohl oral als auch subcutan wurden bis zu 5000 γ pro Tier ohne klinische Reaktion vertragen. Selbst nach intravenöser Injektion der gelösten oder suspendierten Substanzen traten in gleicher Konzentration keine Todesfälle auf.

Während die Untersuchungen mit dem pathogenen Geflügelpest-Virusstamm Nerlich an Küken erfolglos verliefen, führten die Tierversuche mit dem Geflügelpockenvirus zu Heilerfolgen, obwohl im exembryonierten Ei keine der Verbindungen das normale Wachstum des Geflügelpockenvirus beeinflußte.

Zur Untersuchung kamen Gruppen von 8—10 Junghähnchen, deren Kamm gerade so weit entwickelt war, daß die erforderliche Skarifikation bequem durchgeführt werden konnte. Jede Versuchsgruppe erhielt das entsprechende Präparat entweder oral oder subcutan in Mengen von 500, 1000 oder 5000 γ verabreicht. Gleichzeitig wurden die Tiere am Kamm mit Pockenvirus infiziert. Acht der 11 geprüften Verbindungen vermochten den Ausbruch und den Verlauf der Pockenerkrankung in keiner Weise zu beeinflussen. Alle Tiere erkrankten ohne Verzögerung. Die mit den restlichen 3 Verbindungen (D 4735, D 4733 und D 147) erzielten Resultate zeigten jedoch eine therapeutische Beeinflussung der Erkrankung (vgl. Tab. 13). Da trotz unterschiedlicher Dosierung die Einzelergebnisse sämtlicher 3 Gruppen übereinstimmten, ist nur die Zahl der insgesamt verwendeten Tiere aufgeführt (Versuch I). Der gleiche Versuch wurde mit

[1]) Wir danken Herrn Professor Dr. Dr. Röhrer und Frau Dr. Schmidt für die Durchführung der Untersuchungen.

allen 3 Substanzen in den höchsten Dosierungen wiederholt (Versuch II). Die Ergebnisse sind in Tabelle 13 aufgeführt.

Tabelle 13

Präparat	Applikationsart	Verwendete Tierzahl		krank		gesund	
		I	II	I	II	I	II
D 4735	oral	30	10	0	0	30	10
	subcutan	24	10	15	7	9	3
D 4733	oral	24	10	6	3	18	7
	subcutan	24	10	15	5	9	5
D 147	oral	24	10	24	10	0	0
	subcutan	24	10	15	6	9	4

Über gewisse therapeutische Erfolge gegen Influenzavirusinfektionen im Mäuseversuch konnten SPRÖSSIG und MÜCKE [53] mit einem der von uns hergestellten Thiourethane (N-β-Phenyläthyl-thiocarbamidsäure-O-[4-chlor]-phenylester) berichten. Allerdings bedarf die bisher beobachtete Überlebensquote bis zu 20% noch einer experimentellen Sicherung.

Die Untersuchungen mit dem Virus der Dermovaccine (Vaccinavirus) an Kaninchen, die noch nicht abgeschlossen sind, ergaben aber schon Hinweise auf Heilerfolge.

Es ist wahrscheinlich, daß die nicht allgemein beobachteten Heilerfolge im Tierversuch auf die ungenügende Wasserlöslichkeit (die Verbindungen wurden in Suspension injiziert) der geprüften Substanzen zurückzuführen sind. Entsprechende Untersuchungen mit wasserlöslichen Verbindungen der Thiourethanreihe (XI und XIV) und der Tetrahydro-1,3,5-thiadiazine (D 4720) werden z. Z. durchgeführt.

4. Prüfung auf cytostatische Wirkung

Die Beziehungen zwischen Virus und Krebs sind seit Jahrzehnten Gegenstand vieler Untersuchungen und Erörterungen. Es wird aber immer deutlicher, daß bestimmte Krebserkrankungen auf Viren zurückzuführen sind. Aus diesen Gründen war es naheliegend, die von uns dargestellten Substanzen auf ihre cytostatischen Wirkungen zu untersuchen.[1] Bezüglich der Beeinflussung von Carcinomen und Sarkomen ergaben sich bei sofortiger Gabe von D 35 mit der Implantation des Tumors bei den angewendeten Dosen eine Wachstumssteigerung des Jensen-Sarkoms der Ratte, des Ascites-Carcinoms der weißen Maus und lediglich eine geringe Wachstumsminderung auf das Sarkom 37 der weißen Maus. Die Verbindungen D 47 und D 63 zeigten ähnliche Ergebnisse, verminderten jedoch das Wachstum des Sarkoms 37 deutlicher.

Unter den geprüften Thiourethanen befindet sich ebenfalls keine besonders gut wirkende Substanz. Dagegen konnte bei einer Anzahl von Dithiocarbonaten eine deutliche Hemmung der Ascitesbildung und eine verlängerte Lebensdauer der Tiere festgestellt werden. Diese Substanzen werden Ausgangspunkt einer neuen Untersuchungsreihe sein.

---

[1]) Für die Durchführung der Untersuchungen danken wir Herrn Professor Dr. Lührs und Herrn Dipl.-Chem. Heise, Geschwulstklinik Berlin-Buch, sowie Herrn Professor Dr. Knöll und Herrn Wiangke, Institut für Mikrobiologie und experimentelle Therapie, Jena.

VI. Nutritive Wirkung

Bestimmte Schutzvorrichtungen befähigen den lebenden Organismus, einen enzymatischen Abbau seiner Körpersubstanz durch ubiquitär vorhandene Mikroorganismen zu verhindern. Von DOLD [55] wird diese Fähigkeit als Vitalinhibition bezeichnet. Sie ist außer bei Mensch und Tier auch bei Pflanzen und Mikroorganismen vorhanden. So wurden in einer großen Zahl von Pflanzenarten antimikrobielle Wirkstoffe nachgewiesen; in anderen Fällen dürften solche Wirkstoffe vorhanden, aber methodisch nicht ohne weiteres nachweisbar sein. Übersichtliche Darstellungen sind u. a. von KORZYBSKI und KURYLOWICZ [56], TOKIN [57], VIRTANEN [58] und WINTER [13, 20, 59—62] gegeben worden.

Zu den in diesem Sinne wirksamen pflanzlichen Inhaltsstoffen zählt die Gruppe der Senfölglucoside, die sich in Analogie zu der nutritiven Anwendung klassischer Antibiotica in der Tierernährung ebenfalls günstig auf Wachstum, Futterverwertung und Vitalität junger Nutztiere ausgewirkt haben, wie BOEGER und Mitarbeiter [63], BROSELL [64], GERRIETS und BROSELL [23] sowie SCHARPENSEEL und Mitarbeiter [65, 66] berichteten.

Da eine Anwendung senfölglucosidhaltiger Pflanzen in großem Maßstabe mit den Unsicherheiten einer landwirtschaftlichen Erzeugung (Witterungseinflüsse, Bodenbeschaffenheit usw.) behaftet und ein direkter Einsatz der Senföle aus den schon vorher erörterten Gründen nicht möglich ist, lag es nahe, die von uns dargestellten synthetischen, senfölabspaltenden Verbindungen auch in dieser Hinsicht zu prüfen.[1]

---

[1]) Wir danken Herrn Professor Dr. Dr. Lohmann, Deutsche Akademie der Wissenschaften zu Berlin, Institut für Ernährung, Potsdam-Rehbrücke, für die Anregung zu diesen Untersuchungen sowie für seine Förderung und sein Interesse an dieser Arbeit.

In den von HAENEL und Mitarbeitern [67] durchgeführten Versuchen sollte die Frage geklärt werden, ob diese Substanzen, in nutritiver Dosierung einem Kükenalleinfutter zugesetzt, ähnliche Wirkungen auf die Futterverwertung, Morbidität und Mortalität ausüben wie ein in der Tierernährung bewährtes Antibioticum. Zum Vergleich wurden Kressesamen und Knoblauchzwiebeln in die Untersuchungen einbezogen. Es wurde der Vitamin-A- und -B_1-Stoffwechsel der Tiere, das Verhalten der Caecalflora und der auxanographische Nachweis der Futterzusätze im Organismus beobachtet. Außerdem wurde für allgemeine Vergleiche einer Gruppe der Tiere eine höhere Dosis Vitamin C (1000 ppm L-Ascorbinsäure) zugegeben.

Die Versuche wurden an 800 Leghornküken in der Forschungsabteilung für Geflügelkrankheiten der Humboldt-Universität zu Berlin, Damsdorf, durchgeführt. Acht Versuchsgruppen mit je 100 Küken wurden in 2 zentralen Aufzuchthäusern mit je 4 Abteilungen untergebracht. Gruppe I erhielt ein Grundfutter (Alleinfutter), bestehend aus 74% Weizenschrot, 15% Erdnußschrot, 5% Magermilchpulver, 3% Trockenhefe, 2,5% Mineralstoffgemisch für Geflügel, 0,5% Kochsalz und 8000 IE Vitamin A bzw. 500 IE Vitamin D_3 pro kg Futter. In den Versuchsgruppen wurden folgende Futterzusätze verwendet:

Gruppe II: 100 ppm Aureomycin

Gruppe III: 3% Knoblauchzwiebeln (Allium sativum)

Gruppe IV: 0,5% Kapuzinerkressesamen (Tropaeolum majus)

Gruppe V: 100 ppm N-ß-Phenyläthyl-thiocarbamidsäure-O-phenylester (P 69)

Gruppe VI: 100 ppm 2-Thion-3,5-dibenzyl-tetrahydro-1,3,5-thiadiazin (D 47)

Gruppe VII: 100 ppm 2-Thion-3-benzyl-5-ß-hydroxyäthyl-tetrahydro-1,3,5-thiadiazin (D 4733)

Gruppe VIII: 1000 ppm L-Ascorbinsäure

Die Küken wurden zu Versuchsbeginn und -ende einzeln gewogen, in den dazwischenliegenden Wochen wurde das Gruppengewicht ermittelt. Die Gewichtszunahmen der Tiere in Abhängigkeit von der Versuchsdauer und den Futterzusätzen zeigt Abbildung 10.

Die durchschnittlichen Endgewichte mit Standardabweichungen, mittlerem Fehler des Mittelwerts und Signifikanz der

Unterschiede, die durchschnittlichen Gesamtzunahmen in Gramm und die echten Verluste (ohne die für Versuchszwecke getöteten Tiere) sind in Tabelle 14 angeführt. Die Verluste waren sehr

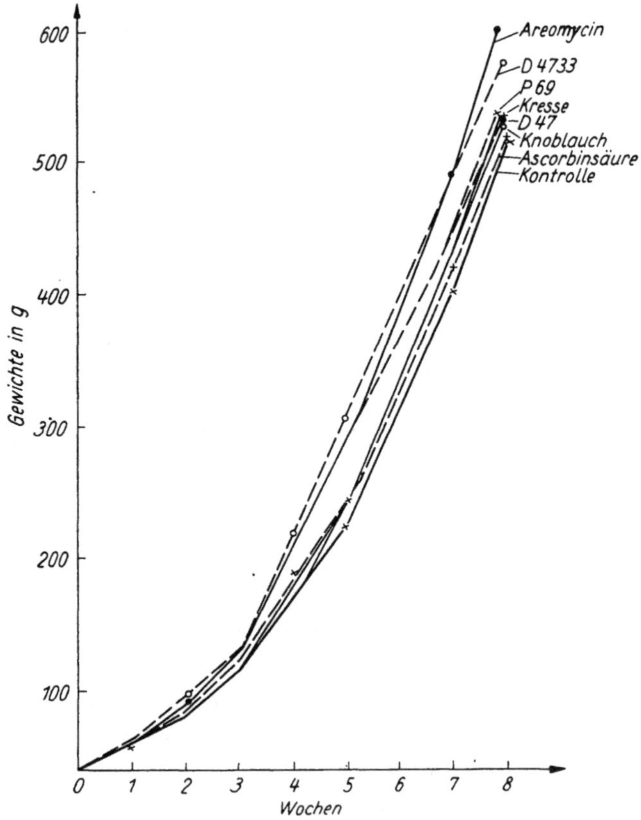

Abb. 10. Gewichtszunahmen der Küken in Abhängigkeit von Versuchsdauer und Futterzusätzen

gering und nahezu ausgeglichen. Tabelle 15 zeigt die durchschnittlichen Endgewichte und die relativen Zunahmen auf die Kontrollgruppe = 100 bezogen, die absoluten Verwertungszahlen für verdauliches Eiweiß und Gesamtnährstoffe je 100 g

Tabelle 14

Gruppe	Zusatz	Durchschnittliches Endgewicht in g	Standardabweichung	Mittlere Fehler des Mittelwertes	Durchschnittliche Gesamtzunahmen in g	Signifikanz der Unterschiede	Echte Verluste
I	—	509	±76,3	± 8,1	468		5
II	100 ppm Aureomycin	605	±95,9	±10,2	564	I/II t = 7,30 p = 0,001	3
III	3% Knoblauchzwiebeln	529	±78,5	± 8,4	488	I/III t = 1,69 p = 0,1	4
IV	0,5% Kapuzinerkressesamen	539	±92,9	± 9,7	497	I/IV t = 2,34 p = 0,02	1
V	100 ppm P 69	544	±58,2	± 6,1	503	I/V t = 3,05 p = 0,001	2
VI	100 ppm D 47	533	±74,1	± 7,7	491	I/VI t = 2,15 p = 0,02	1
VII	100 ppm D 4733	575	±87,6	± 9,3	533	I/VII t = 5,32 p = 0,001	4
VIII	1000 ppm L-Ascorbinsäure	518	±82,2	± 8,7	476	I/VIII t = 0,72 p = 0,5	2

Tabelle 15

Gruppe	Zusatz	Durchschnittliches Endgewicht in g	Relative Zunahme	Verwertungszahlen: Verdauliches Eiweiß, je 100 g Gewichtszunahme	Verwertungszahlen: Verdauliches Eiweiß, relativ	Verwertungszahlen: Gesamtnährstoff, je 100 g Gewichtszunahme	Verwertungszahlen: Gesamtnährstoff, relativ	Gewichtszunahme in % der Kontrolle auf gleichen Gesamtnährstoffverbrauch bezogen
I	—	509	100	45,4	100	205	100	100
II	100 ppm Aureomycin	605	119	42,9	94,5	198	97	123
III	3% Knoblauchzwiebeln	529	104	44,1	97,1	199	97	107
IV	0,5% Kapuzinerkresse-samen	539	106	45,1	99,3	203	99	107
V	100 ppm P 69	544	107	47,2	104,0	213	104	103
VI	100 ppm D 47	533	105	48,6	106,1	219	107	98
VII	100 ppm D 4733	575	113	47,2	104,0	213	104	109
VIII	1000 ppm L-Ascorbinsäure	518	102	51,6	113,7	232	114	91

Gewichtszunahme sowie die relativen Verwertungszahlen auf die Kontrollgruppe = 100 bezogen. Die letzte Spalte zeigt die relativen Gewichtszunahmen in Prozenten der Kontrollgruppe, jedoch auf den Gesamtnährstoffverbrauch bezogen.

Daraus ergibt sich, daß die von uns synthetisierten Verbindungen als Futterzusätze das Wachstum von Küken ähnlich wie die natürlichen, senfölglucosidhaltigen Pflanzen verbessern. Die Wirkung der Verbindung D 4733, die gegenüber D 47 und P 69 eine verbesserte Wasserlöslichkeit hat, liegt in der Größenordnung der Wirkung von Aureomycin. In den ersten Versuchswochen wirkten die Verbindungen D 4733 und P 69 ebenso gut oder besser auf die Wachstumsrate ein; erst in den letzten Wochen waren die Ergebnisse mit Aureomycin günstiger.

Wie neueste Versuche [67] ergaben, bewirkt D 4733 gegenüber Aureomycin eine signifikante Verbesserung des Wachstums, wenn es doppelt so hoch wie dieses dosiert wird.

Ascorbinsäure war ohne Einfluß auf das Wachstum, verschlechterte überdies die Futterverwertung. D 47 begünstigte das Wachstum ähnlich wie Knoblauch oder Kresse nur insignifikant und war ohne Einfluß auf die Futterverwertung.

Nach einer von Haenel [68] beschriebenen auxanographischen Methode wurde der Nachweis der verfütterten Hemmstoffe in Organen und Darminhalt zu führen versucht, eine Keimzahlbestimmung des Caecuminhaltes und eine Bestimmung des Vitamin A- und Thiamingehaltes in Abhängigkeit von der Versuchsdauer durchgeführt, um gegebenenfalls Einflüsse der Futterzusätze auf die Darmbesiedelung bzw. den Vitaminstoffwechsel zu erkennen.

Daraus ergab sich, daß praktisch nur bei der Aureomycinfütterung von allen Teilen des Darmkanals und anderen Organteilen stark hemmende Wirkungen auf das Keimwachstum ausgingen. Die verwendeten Futterzusätze beeinflußten weder die Bakterienflora des Darmes noch den Vitamingehalt der Lebern.

Der Wirkungsmechanismus der Antibiotica in der Tierernährung kann nur vermutet werden [69]; über den Wirkungsmechanismus der geprüften Substanzen ist ebenfalls noch nichts Endgültiges zu sagen. Da in diesen Versuchen Clostridien allgemein nur ausnahmsweise auftraten, ist es unwahrscheinlich, daß der günstige Effekt des Aureomycins oder der geprüften Verbindungen in der Unterdrückung dieser Keimgruppe zu suchen ist. Jedoch ist anzunehmen, daß die untersuchten Substanzen ebenso wie die Antibiotica durch ihre mikrobiciden Eigenschaften die Mikroflora des Darmes günstig beeinflussen können.

Aus diesen ersten Erfahrungen ergibt sich, daß weitere Untersuchungen über die Verwendung senfölabspaltender Verbindungen in der Tierernährung aussichtsreich erscheinen. Die hier verwendeten Dosierungen wurden willkürlich gewählt; die 3 synthetischen Verbindungen sind ebenfalls eine willkürliche Auswahl. Weitere Untersuchungen müssen die Frage der optimalen, nicht toxischen Dosierung, der wirkungsvollsten Verbindungen und zweckmäßigsten Kombinationen klären. Ferner sind die Wege und Wirkungen der senfölabspaltenden Verbindungen im Stoffwechsel und der zum besseren Gedeihen der Tiere führende Wirkungsmechanismus aufzuklären[1]). Auch Untersuchungen über antiinfektiöse, also therapeutische Möglichkeiten der Thiourethane und 2-Thion-tetrahydro-1,3,5-thiadiazine müssen folgen.

---

[1]) Für diese Untersuchungen wurde 2-Thion-3-benzyl-5-β-hydroxyäthyl-tetrahydro-1,3,5-thiadiazin (S^{35}) dargestellt [70].

VII. Zusammenfassung

Es ist bekannt, daß die antimikrobielle Wirkung der pflanzlichen Inhaltsstoffe von Meerrettich, Kresse, Zwiebel und Knoblauch auf die Bildung von Senfölen zurückzuführen ist. In der vorliegenden Arbeit wird über synthetische, Senföle abspaltende Dithiocarbamate, Thiourethane und 2-Thion-tetrahydro-1,3,5-thiadiazine berichtet, die eine universelle Wirkung gegen pathogene Mikroorganismen haben und gleichermaßen gut grampositive und gramnegative Bakterien und Pilze erfassen. Es sind beständige, relativ untoxische und hautverträgliche Substanzen, deren Wirkung gegen Mikroorganismen weder durch Eiweiß noch durch grenzflächenaktive Stoffe beeinträchtigt wird, und die zur Desodorierung, Desinfektion und zur Bekämpfung von Dermatomykosen hervorragend geeignet sind. Sie sind weiterhin in der Lage, die Virusvermehrung im exembryonierten Brutei zu hemmen und haben bemerkenswerte erste Erfolge bei virusbedingten Tiererkrankungen gezeigt. Als Futterzusatz vermögen sie, ähnlich wie die Antibiotica, Wachstum und Futterverwertung junger Nutztiere zu verbessern.

Literatur

[1] H. Will u. W. Körner, Liebigs Ann. Chem. **125**, 257 (1863)

[2] A. W. Hofmann, Ber. dtsch. chem. Ges. **7**, 518 (1874)

[3] A. W. Hofmann, Ber. dtsch. chem. Ges. **7**, 1293 (1874)

[4] J. Gadamer, Ber. dtsch. chem. Ges. **32**, 2335 (1899)

[5] O. E. Schultz u. R. Gmelin, Arzneimittel-Forsch. **2**, 568 (1952)

[6] O. E. Schultz u. R. Gmelin, Arch. Pharmaz. Ber. dtsch. pharmaz. Ges. **287/59**, 342 (1954)

[7] O. E. Schultz u. W. Wagner, Arch. Pharmaz. Ber. dtsch. pharmaz. Ges. **288/60**, 525 (1955)

[8] M. G. Ettlinger u. A. J. Lundeen, J. Amer. chem. Soc. **78**, 4172 (1956)

[9] M. G. Ettlinger u. A. J. Lundeen, J. Amer. chem. Soc. **79**, 1764 (1957)

[10] A. Kjaer, Fortschr. Chem. org. Naturstoffe [Wien] **18**, 123 (1960)

[11] L. Guignard, J. botanique **4**, 385 (1890)

[12] L. Guignard, J. botanique **7**, 345 (1893)

[13] A. G. Winter, Zusammenfassungen Madaus Jber. 1953 **VII**, 7 (1954) Hippokrates **28**, 695 (1957), Naturwiss. Rdsch. **12**, 131 (1959)

[14] H. Stickl, Dtsch. med. Wschr. **79**, 1722 (1954)

[15] Th. Halbeisen, Die Medizinische **1954**, 1212; Therapiewoche **5**, 130 (1954)

[16] K. D. Rudat u. J. M. Loepelmann, Pharmazie **10**, 729 (1955)

[17] M. Sprössig u. M. Schabinski-Stepan, Z. Hyg. Infektionskrankh. **143**, 215 (1956)

[18] W. Möhwald u. H. Gallenkemper, Med. Klin. **56**, 394 (1961)

[19] H. Stickl, Therap. Woche, Karlsruhe **5**, 128 (1954)

[20] A. G. Winter, Therap. Woche, Karlsruhe **5**, 126 (1954)

[21] W. D. Germer, Dtsch. med. Wschr. **79**, 1445 (1954)

[22] A. G. Winter u. L. Rings-Willeke, Arch. Mikrobiol., Berlin **31**, 311 (1958)

[23] E. Gerriets u. H. J. Brosell, Dtsch. tierärztl. Wschr. **70**, 152 (1957)

[24] H. Fürst, Chemie und Pflanzenschutz, VEB Verlag Technik, Berlin, 1959; A. Zentmyer, Phytopathology **45**, 398 (1955)

[25] A. Rieche, G. Hilgetag, A. Martini, O. Nejedly u. J. Schlegel, Arch. Pharmaz. Ber. dtsch. pharmaz. Ges. **293/65**, 957 (1960);

A. Rieche, G. Hilgetag, A. Martini u. O. Nejedly, WP 20634 vom 17. 8. 1958;
O. Nejedly u. J. Schlegel, Diplomarbeiten, Jena 1957 und 1959
[26] A. Rieche, D. Martin u. I. Kreyzi, erscheint demnächst
[27] J. Redtenbacher u. J. v. Liebig, Liebigs Ann. Chem. **65**, 43 (1848)
[28] A. D. Ainley, W. H. Davies, H. Gudgeon, J. C. Harland u. W. A. Sexton, J. chem. Soc. [London] **1944**, 147
[29] A. Rieche u. O. Nejedly, unveröffenlicht
[30] A. Rieche u. W. Schade, erscheint demnächst
[31] H. L. Klöpping u. G. J. M. van der Kerk, Recueil Trav. chim. Pays-Bas **70**, 949 (1951)
[32] A. Rieche u. D. Martin, erscheint demnächst
[33] M. H. Rivier, Bull. Soc. chim. France [3] **35**, 837 (1906)
[34] A. Rieche, G. Hilgetag, A. Martini u. R. Philippson, Arch. Pharmaz. Ber. dtsch. pharmaz. Ges. **294/66**, 201 (1961); dieselben WP 20331 vom 10. 6. 1958;
R. Philippson, Dissertation, Berlin 1959
[35] W. Schneider u. F. Wrede, Ber. dtsch. chem. Ges. **47**, 2038 (1914)
[36] D. B. P. 853162 (1950), C. **1953**, 9314
[37] R. P. Mull, J. Amer. chem. Soc. **77**, 581 (1955)
[38] H. Vogt, Pharmac. Weekbl. **93**, 195 (1958)
[39] G. Wagner u. H. Kühmstedt, Arch. Pharmaz. Ber. dtsch. pharmaz. Ges. **294/66**, 117 (1961)
[40] H. L. Klöpping u. G. J. M. van der Kerk, Recueil Trav. chim. Pays-Bas **70**, 917 (1951)
[41] W. H. Davies u. W. A. Sexton, Biochem. J. **43**, 461 (1948)
[42] R. W. Bost u. E. R. Andrews, J. Amer. chem. Soc. **65**, 900 (1943)
[43] T. F. Wood u. G. H. Gardner, J. Amer. chem. Soc. **63**, 2741 (1941)
[44] L. T. Huang, L. W. Yieh u. J. Chang, Brit. J. Pharmacol Chemotherapy **3**, 297 (1948)
[45] W. H. Davies u. W. A. Sexton, Biochem. J. **40**, 331 (1946)
[46] D. A. S. 100 3739 vom 7. 3. 1957, Feldmühle AG.
[47] J. Kimmig u. H. Rieth, Arzneimittel-Forsch. **3**, 267 (1953)
[48] G. Schabinski u. G. Essigke, Arzneimittel-Forsch. **7**, 507 (1957)
[49] O. Nejedly u. G. Wiedemann, Hautarzt, **12**, 431 (1961)
[50] A. Rieche, G. Hilgetag, A. Martini, E. Bayer u. O. Nejedly, WP 19609 vom 6. 2. 1957
[51] H. Lettré, Behringwerk-Mitt., Marburg, Heft **28**, 63 (1954)
[52] H. Bernkopf, Proc. Soc. exp. Biol. Med. **72**, 680 (1949)
[53] M. Sprössig, Zbl. ges. Hyg. **3**, Heft 4 (1957)
[54] M. Sprössig u. H. Mücke, Kongreßbericht des II. Internationalen Symposiums über Chemotherapie in Neapel, Verlag S. Karger, Basel

[55] H. DOLD, Z. Hyg. Infektionskrankh. **146**, 276 (1960)
[56] T. KORZYBSKI u. W. KURYLOWICZ, Antibiotica, VEB Fischer Verlag, Jena, 1961, S. 955—1047
[57] B. P. TOKIN, Phytonzide, VEB Verlag Volk und Gesundheit, Berlin, 1956
[58] A. I. VIRTANEN, Angew. Chem. **70**, 377, 544 (1958)
[59] A. G. WINTER, Angew. Chem. **70**, 377 (1958)
[60] A. G. WINTER et. al., Naturwissenschaften **38**, 262, 354, 457 (1951); **39**, 45, 190, 236 (1952); **40**, 167, 168, 247, 489, 513 (1953); **41**, 145, 337, 379 (1954)
[61] A. G. WINTER, Die Medizinische **1955**, 73
[62] A. G. WINTER, Ernährungsumschau **6**, 135 (1959)
[63] O. BOEGER, W. WESTERHOFF u. A. G. WINTER, Naturwissenschaften **42**, 464 (1955)
[64] H. J. BROSELL, Arch. f. Geflügelzucht **7**, 23 (1958)
[65] H. W. SCHARPENSEEL, Arch. Geflügelkunde **19**, 380 (1955); **21**, 389 (1957)
[66] H. W. SCHARPENSEEL, R. ACEVEDO, A. B. ROCHA u. B. R. BABANG, Arch. f. Geflügelzucht **7**, 3 (1958)
[67] H. HAENEL, E. GERRIETS u. A. RIECHE, Arch. Geflügelkunde, 1961 (im Druck); dieselben, Naturwissenschaften, 1962 (im Druck)
[68] H. HAENEL, loc. cit. 67
[69] H. HAENEL, Ernährungsforsch. **4**, 500 (1959)
[70] D. MARTIN u. P. VENKER, Naturwissenschaften, 1962 (im Druck)

Bei Fragen zur Produktsicherheit wenden Sie sich bitte an:
If you have any questions regarding product safety,
please contact:

Walter de Gruyter GmbH
Genthiner Straße 13
10785 Berlin
productsafety@degruyterbrill.com